卡耐基经典读本：全5册

美好的人生

[美] 戴尔·卡耐基◎著 徐苑琳◎译

中国纺织出版社有限公司

图书在版编目（CIP）数据

卡耐基经典读本：全5册. 美好的人生 /（美）戴尔·卡耐基著；徐苑琳译. --北京：中国纺织出版社有限公司，2021.6（2023.10 重印）

ISBN 978-7-5180-6476-2

Ⅰ.①卡… Ⅱ. ①戴… ②徐… Ⅲ. ①成功心理—通俗读物②人生哲学—通俗读物 Ⅳ. ①B848.4-49 ②B821-49

中国版本图书馆CIP数据核字（2019）第160217号

责任编辑：李 杨　　责任校对：高 涵　　责任印制：储志伟

中国纺织出版社有限公司出版发行

地址：北京市朝阳区百子湾东里A407号楼　邮政编码：100124

销售电话：010—67004422　传真：010—87155801

http://www.c-textilep.com

中国纺织出版社天猫旗舰店

官方微博http://weibo.com/2119887771

大厂回族自治县益利印刷有限公司印刷　各地新华书店经销

2021年6月第1版　2023年10月第2次印刷

开本：880×1230　1/32　印张：32

字数：682千字　定价：148.00元（全5册）

凡购本书，如有缺页、倒页、脱页，由本社图书营销中心调换

目录

第一章

记住赢得友谊的十二条准则

争论，并不能让你取胜

人们为了证明自己的观点正确，会强调甚至是与人争论，他们以为这样能取胜，其实不然，无论争论的结果如何，你都输了。

我懂得这一道理，还要追溯到第二次世界大战结束后的一天晚上。

那时候我是罗斯·史密斯的私人经纪人。罗斯·史密斯是第二次世界大战期间在巴基斯坦境内工作的澳大利亚空军战斗机飞行员。他的战功卓著，曾在一个月内飞行了半个世界，这一壮举震惊了世界。因此，他获得了澳大利亚政府的嘉奖——五千美元和爵位。在那段时间，他是风靡一时的人物，大家都在谈论他。

一次，我参加了一个关于他的宴会。宴会上，我们大家依然在谈他。我旁边坐着的是一位很开朗健谈的先生，期间，他向大家讲述了不少笑话，我清晰地记得最后他对他所陈述的故事用了这样一句话来概括——谋事在人，成事在天。并且，他附加了一句："这是来自《圣经》中的一问话。"

在他说完最后一句话时，我很震惊，因为我可以确信他所说的这句话的出处是错误的，对于这句话，我再熟悉不过了，我曾经在莎士比亚的著作中读到过这句话。所以，我脱口而出地纠正这位先生："您错了，这是莎士比亚说过的话。"

"什么？怎么可能，绝对不可能，这绝对是《圣经》中的。"这位先生脸色大变地说道。

看见我俩开始争论，我的另外一位熟悉莎士比亚著作的老朋友弗兰克·葛孟表态了，我以为他会站在我这边，但谁知道，他竟然在桌子底下踢了踢我，他说："戴尔，这位先生是对的，这确实是《圣经》中的话语。"

我当时沉默了，但心里很迷茫。宴会结束，我和朋友弗兰克·葛孟一起步行回家。我对这天晚上发生的事依然不解，于是，我问："弗兰克，我也熟读莎士比亚的著作，我可以确定那句话出自莎士比亚，但是你为什么说那位先生是正确的呢？"在提出这一疑问的时候，我心里还有点气愤。

然而，此时，弗兰克说："我们一同来出席爵士的宴会，都是宴会的客人，何必要争得脸红脖子粗呢，即使你争对了，又如何呢？你那样做会赢得他的喜欢吗？再说，他既没有咨询过你的意见，更不需要你的指教。所以，我们永远要避免与人正面冲突。"

"避免与人正面冲突"，简单的八个字，对我的触动很大。说这句话的人现在已经不在了，但是这句话却深深地印在了我的脑海里，并对我后来的人生之路有很大的影响。

为什么说这句话对我的触动很大？因为我从这句话中获得了一定的教训。在这之前，我一直很喜欢与人抬杠，总喜欢在争论中赢过别人。小时候，我会因为一件小事和哥哥争论不休；上大学时，我很喜欢逻辑学和辩论术，还参加过各种辩论赛，我以赢了他人为荣；再到后来，我到了纽约，开始讲授辩论方面的知识。但就在听了弗兰克的话后，我才认识到，原来与人争论并不能赢了别人，原来天底下只有一种方式能让你在辩论中获胜，那就是避免争论。

我们一旦陷入争论中，就会让自己更加执着于自己的观点。我们在这么认为的同时，对方也这么认为，所以，我们不能取胜。相反，无论最终的结果是什么，非要争论的那一方都输了。因为若争论的结果是输，你是输；若争论的结果是你赢了，那么，你还是输了。

为什么这么说？因为争论的过程本就是对抗，就是批判对方的观点，即使你赢了又怎样，你唇枪舌剑、寸步不让，但是对方会因为你的这些批判而无地自容，甚至自尊受挫，因而心生怨恨，即使他们嘴上承认你赢了，但并不会喜欢你。

正因为认识到这一点，潘恩互助人寿保险公司的一条信条才会是“不要争论”，他们将其列为最重要的推销精神。因为人们的想法和意见并不会因为争论而改变。

这里，我要说一个曾经在我的课堂上听课的爱尔兰推销员——欧·亨利的经历。他学历不高，做过很多工作，先是卡车司机，后来又成了一名卡车推销员。他就是个喜欢与人争论和抬杠的人。在从事推销工作一段时间后，他收效甚微，业绩很差，于是，他找到了我，想得到我的帮助。

在我们简单的交谈后，我就大致知道了他的问题在哪——他喜欢与客户争论。比如，如果客户提出了对卡车某方面的质疑，他就会跟人争论，然后与人吵起来，吵到脸红脖子粗。他兴致勃勃地告诉我，最后都是他胜利了，但随即他又会很沮丧，正如他说的："从人家办公室出来后我很得意，总算整了那混蛋一次，不过，我什么都没卖出去。"

在听完他的叙述后，我知道，他首先要提高的并不是自己的销售语言，而是自己的自制能力，最起码先要控制住不要与人吵架。

在认识到自己的问题后，欧·亨利一改自己以往的态度。事实证明他成功了，现在的他已经是纽约怀德汽车公司的金牌推销员了。后来，我们谈话时，他谈到自己的成功经验："现在，如果我走进公司，开始推销我们公司的车，也许客户会说：'什么，怀德汽车？算了，我可不要，送我都不要，我想要的是何赛的卡车。'此时，我并不会反驳他，而是顺着他的话说：'您说的很对，先生，何赛的车确实很棒，也是卡车界的好产品，业务员也不错，买他们的车是明智之举。'

“被我这样一说，他们根本不会跟我争论什么，如果他们还想再继续谈谈何赛的车，我依然会赞同他们。此时，他们只有不再说了，这种谈话模式根本不会导致抬杠和争论，因为谁也不会在被认可的情况下还抬杠。此时，我就可以谈谈我所推销的怀德卡车的优点了，也就没有何赛卡车什么事了。”

“但如果我还和从前一样冥顽不灵，在听到客户这样说以后，我肯定是气急败坏，我会针对他说的每一条何赛汽车的优点进行反驳，数落他所说的何赛汽车的缺点。这样一来，我说得越多，对方越是觉得何赛汽车好，也就越想买何赛的车，那么，我岂不是在为何赛汽车做推销?

“现在想想，我以前真的是太蠢了，我花了大量时间与人争论，结果却事与愿违，所以现在，我在工作中会竭力避免这一点。”

本杰明·富兰克林针对这一问题阐述过自己的看法：“如果你总喜欢与人抬杠，反驳别人的意见，也许偶尔能有所收获，但这种胜利却是虚无的，因为你根本不可能获得别人的好感。”

所以，聪明的你要好好想想，到底是这种表面的胜利重要，还是别人的好感重要，也许你本身的观点确实更正确，但又如何呢？你不可能靠争论赢得他人真正的认同，不可能让对方心服口服。

除此之外，美国前总统威尔逊任内的财政部长威廉·麦卡杜用自己多年政治生涯的经验告诉我们："争论不可能让无知的人服气。"

当然，麦卡杜说的是"无知的人"，但我认为，无论对方的智商如何、是否是聪明的人，你都不可能靠争辩赢得对方真正的认同。

我曾听说过这样一件事：有个叫派森的所得税顾问，因为一笔9000美元的所得税款，与政府的税务稽核人员喋喋不休争论了将近一个小时。派森认为，这笔钱是一笔私账，根本收不回来，所以所得税也没必要征收，但这位稽核人员却认为必须要征收。

在课堂上，派森谈起这件事时说道："他可真是个非常顽固的家伙，而且态度十分冷酷，我说什么都不管用，还让气氛开始变得剑拔弩张起来。我说的越多，他表现得越顽固，最后，实在没办法了，我决定换一种方式——不再和他争论，捧他几句。

"所以，接下来，我说，'我知道，您处理过很多疑难的案例，这件事对于您来说确实是不值一提的，我之前也研究过税务问题，但都是书本上的死知识，我还没有真正处理过税务实例，但您就不一样了，您的经验全部是来自实践工作，我一直希望能拥有您这样的工作，那样我就能学到真正有用的知识了。'"在说这一番话的时候，我极其认真且诚恳。

"在我这样一番诚恳的恭维下，这位稽核人员开始在椅子上坐直了身子，然后大谈自己的工作，他告诉我他在工作中发现了很多人企图在税务上做花样，他的语气开始慢慢变得缓和，在聊了一会儿后，他又谈及他的家庭和孩子。我一直认真听着，到最后我准备离开时，他说关于这次我说的私账征收税务问题他还要再看看，过几天会通知我。

“让我感到意外的是，三天以后，我接到了他的电话，他告诉我，那笔钱的所得税不征收了。”

这里，人性的弱点在派森遇到的这位税务稽核人员身上展露无遗——谁都想成为重要人物，你越是和他争辩，他越是想表现自己在职务上的权威，而一旦你认可且接纳他的权威，他反而不愿意与你争论了，因为他们彰显自我的欲望得到了满足，此时，他们的同情心就会表露出来而愿意接受你的要求。

拿破仑也深谙此道，在他的家务总管康斯丹的《拿破仑私生活拾遗》这本书中提到，拿破仑曾经就和妻子约瑟芬打桌球这件事说：“我的球技不错，但是我和她打球，我会让她赢，这样她会很开心。”

由此，我们可以得出几乎是真理的一点结论：在一些小问题上，让我们的客户、爱人、同事赢过我们，会更容易获得他们的好感和喜爱。

释迦牟尼曾说：“恨不消恨，端赖爱止”，意思是，与人争辩，并不能消除误会，而如果能用宽容、赏识、认同的方法来处理，就能让我们如愿以偿。

一次，林肯的一位下属青年军官因为和同事激烈争吵而被林肯训斥，林肯是这样说的："抱有雄心壮志的人，是不会将时间浪费在与人争执上的，因为事情的后果他未必能承担，一旦争执，就会引发怒气乃至失去理智等，在与别人拥有相等权利的事上要多让人家一些，而在自己正确的事上可以让步少一点。要知道，假如你与狗争论，很可能被它咬一口，这样的情况下，还不如想办法让它走开。否则，即便你最后杀了它，你也未必能治好它带给你的伤痛。"

在《点点滴滴》这本书中，作者针对怎样让不同意见不致成为争论给出了九点建议：

1. 欢迎不同的意见

只要两个人的意见不统一，你就应该停止争论，而如果对方指出了你没有看到的部分，那么，你应该表示感谢，因为正是由于认识到了这点，你避免了产生更大的错误。

2. 小心自己的直觉

当有人反驳你的时候，你的第一反应可能是自卫，但此时，你应该冷静下来，分析一下自己的直觉，你的直觉未必是你最好的地方，很有可能是你最坏的地方。

3. 保持冷静

我们可以从一个人发脾气的情形，大致判断出他未来能走多远。

4. 多听少说

即使对方反驳你，你也要给对方把话说完的机会。你不必争辩，否则，只会增加继续沟通的难度。只要你多听取对方的意见，就能构建彼此沟通的桥梁。

5. 找到你认可的部分

当对方将反对意见说完后，千万别忘记寻找对方话语中你认可的地方。

6. 要诚实

如果发现了自己的错误，一定要勇于承认，并且要诚恳地道歉。这能帮你缓解对方的反对情绪，减少彼此间的争端。

7. 答应考虑反对者的意见

你的承诺必须是真诚的，要知道，有时候我们也会一叶障目，意见可能是错误的，而我们的反对者提出来了，此时，你答应考虑他的意见是明智的。而如果你一意孤行，等到有天你真的发现自己错了，在那时，对方说：“我早就提醒过你，但是你不听”，那你就难堪了。

8. 发自内心地感谢对方

任何对你提出反对意见的人，必定是对这件事也和你一样关注，对此，你可以将其看作是对你有帮助的人，你应该真诚地感谢他们，也许你们还会因此成为朋友、伙伴乃至知己。

9. 别着急下定论，给双方足够的时间考虑成熟

对于某些争论性的问题，最好不要立刻给出明确性意见，可以在稍后一段时间再作决议。对于群体性活动，可以采取开会的形式，看看当时是否将所有的问题都考虑周全了。

我们要在内心反问：“对方的意见有没有可能是对的？他的话有道理吗，我为什么会对反对意见有这么大反应？我是为了获得认可吗？我不顾反对意见最后能赢吗？我会付出怎样的代价？他们会不会因为这点而不再理睬我？”

这里，我们要提到歌剧男演员真·皮尔士这个人，他的婚姻延续了长达五十年。一次，他说：“在我和我妻子刚结婚的时候，我们就定了一份协议，婚姻中无论出现何种分歧，我们都会遵循：‘当一个人发脾气的时候，另一个人倾听。’因为如果两个人都发脾气，那么，就无法正常沟通了。”

所以，我们说，要想获得美好人生，首先要避免与人争论。

如何避免树立敌人

在与人沟通中，承认自己也许会弄错，能避免争论，而且，也能让对方表现出同样的态度。

在罗斯福总统入主白宫的时候，他曾说，如果自己的决策

有75%的正确率，那么，他就十分庆幸了。罗斯福总统这样的杰出人物，尚且认为自己只有这样的准确度，更何况日常生活中的人们呢？

毫不夸张地说，我们在决策时如果有五成的把握，我们都可以在华尔街日赚一百万了，而如果你没有这一把握，又凭什么认为别人一定是错的呢？

其实，何止是直截了当表达别人是错误的，有时候，你的眼神、语调乃至一个很微小的动作，都能表达出你的否定意见。此时，你以为他会认同你吗？绝对不会，因为你在否定对方意见的同时，也对对方的才能进行了否定。谁也不喜欢被否定，而一旦被否定，他们的第一反应都是反击。即使他们也认为自己的意见可能是错误的，他们也不会承认，即使你拿出最让人信服的先贤哲人们的观点，也别想改变他们。

任何一个智者在与人沟通的时候，绝不会用这样的开场白："现在，我来证明给你看。"这句话真的大错特错，好像在告诉对方："我比你更有智慧，我的话比你更有权威"。这句话太有挑战性了，是挑起战争的导火索。

其实，即使是在温和的情况下，要想改变别人的意见，都不是件容易的事，更何况是在这种对立的状态下了。当然，这并不是说我们不能向别人证明什么，不过我们需要施以巧妙的技巧，在不知不觉间影响他人。

伽利略就曾说过："永远别指望教会别人一件事，而是要让他自己学习这件事。"19世纪英国政治学家查士德·菲尔在教诲自己的儿子时说："在可能的条件下，你应该要比别人聪明，但不要让别人知道。"苏格拉底也曾说："我只知道一件事，就是我一无所知。"

就我自己来说，我不能奢望比苏格拉底更高明，所以我不敢直言别人错了。然而，当我认识到这一点之后，我反而收获了不少。

在沟通中，如果别人说了一句话，但是你持不同意见，此时，你不必急着否定对方，你可以先说："其实，我倒是有另外一种看法，但我这个人常常犯错，所以我可能并不对，如果您觉得错了，我很希望您能帮我纠正过来，让我们一起看看问题的所在。"简短的一句话，经常能起到神奇的作用，相信在任何场合，没有人会反对你这样说。

我的班上有一位叫哈尔德·伦克的学员，他是道奇汽车公司在蒙大拿州比林斯的代理商，他就运用了这个办法。他说，汽车销售的工作很难做，尤其是面对那些满怀抱怨的客户，一不小心就会造成冲突，使生意受损。在我的课堂上，他分享自己的经验："当我发现这种方法不奏效时，我就使用另外一种方法，我会这样说：'这件事，确实是我们犯下的错误，真的不好意思，'请您细细告诉我好吗？"

他接着说："这种话术在处理抱怨时很奏效，能很轻松地处理与顾客之间的冲突，而在顾客的气消了之后，他们就会变得温和，会对我表达谢意，有的甚至最后还说自己无理取闹，然后在高兴的情况下还会给我介绍很多新客户，无疑这是我们最想看到的结果，能让我们节省很多开发市场和新客户的精力。所以，我的经验告诉我，对所有的客户表示理解和尊重，并始终对他们礼貌有加，是能为我们带来不少益处的。"

无论何种形式的沟通，只要我们勇于承认自己也会犯错，不但不会招惹麻烦，还能为你解决很多问题，它能让对方跟你一样宽宏大量，并且会承认他自己也可能会出错，相反，如果在直接指出对方有错的情况下，又会出现怎样的结果呢？

让我们来找个案例来说明吧。

在纽约，有一位姓施的年轻律师，最近他接了一个在最高法庭内审理的案件。

这是一起涉及不少金钱的案件。

最高法庭的法官问施先生："海事法诉讼的期限是六年，对吧？"

施先生稍微想了下，看了看法官，然后直接说："法官，海事法没有诉讼期限。"

施先生后来在我的课堂上提到了这件事："当时我说完这句话，整个法庭内就寂静了，气氛降到了冰点。我确信自己是对的，而法官是错的，我也直率地说出来了。我多希望他能因此变得友善，但事实上，虽然这是明确的法律条款，我也获得了比任何时候都多的关注，但愚蠢的是我当时没有使用任何技巧，并当众驳了一位富有学识且德高望重的人的面子。”

事实上，大部分人都和我一样缺乏清晰的逻辑思维能力，而容易犯偏见和武断的毛病，同时还有傲慢的缺点，因此，如果你也有这样的弱点，那么，在茶余饭后有时间的时候，你不妨阅读下面这段文字，这段文字出自詹姆斯·哈维·罗森的《下决心的过程》，相信能对你有所启示：

“我们也会改变自己的想法，但是如果在毫无防备或者被热情冲昏头脑的情况下，被人直接指出我们的错误，我们会变得比平时更加固执己见，并且坚守自己的看法、维护自己的观点。其实，我们也知道自己的观点中有有失偏颇的地方，但是我们不希望自己的尊严被挑战，不希望自己被否定。一旦我们的自尊被伤害，我们就会本能地去守护……‘我的’虽然只是两个简单的字，但是却是人际关系学问中最为关键的一环，能恰当地运用这一点，是人生的一大智慧。比如：‘我的房子’‘我的车子’‘我的宠物’，都有同样的力量。我们不喜欢我们的所有物被否定，比如，不喜欢别人说我的房子太小，我的车太破，我的宠物不聪明等，还讨厌别人纠正我们对一些常见知识的意见……我们会相信自己过去一直相信的某件事，一旦我们所相信的这件事被否定或质疑了，我们就会寻找各种理由来为自己辩护，结果，我们的推理会变成继续欺骗自己相信错误事情的借口。”

卡尔·罗杰斯是伟大的心理学家，在他的《如何做人》中，他指出：“我发现，尝试去了解别人是很有价值的。也许你会疑问，真的有这个必要吗？答案是肯定的，一般情况下，我们在听别人陈述话题的时候，第一反应是评断，比如‘情况不应该是这样的’‘说的不错’‘这真是一个幽默的句子’等，而很少让自己去真正理解这段话的真正含义。”

在我自己身上有过这样一件事：当时，我想换换家里的布置，所以请了一位室内设计师，为我家设计了一款窗帘。过了几天，我收到他给我的账单，我看了一下，简直吓了一跳，太贵了，但是窗帘已经安装好了，我只能接受。又过了一些天，我的一位朋友来我家里做客，她称赞我的窗帘很好看，然后问花了多少钱，我如实告诉了她价格，她听完，诧异地说：“什么，这也太贵了，你肯定是被人宰了。”

我哪里不知道她说的是实话，但是谁又会开心呢，这明显是对我的判断能力的质疑。于是，我和很多人一样开始为自己辩护，如贵有贵的道理、贵的东西才能彰显艺术品位等。

又过了一天，另外一个朋友来做客，她进门的时候，就开始赞扬那些窗帘，并表现出十分喜爱的样子，然后表示自己如果能支付得起这样富有艺术气息的窗帘就好了。这样一番话让我内心舒服极了，我的心情比头一天好了很多，然后说："其实，我真的觉得太贵了，花了太多的钱，我都有点后悔自己当时的决定了。"

有时候，我们自己做错了事，内心是很清楚的，我们也在内心承认，假如有人愿意巧妙引导我们，我们是愿意坦诚相告的，我们还会因为自己的坦诚而感到自豪，但是如果有人硬是将我们的错误"揭发"出来，我们就会试图"反抗"……

相信很多人知道这样一件事，美国南北战争时期，著名的媒体人贺瑞斯·格里历曾非常激烈地反对林肯的政见，他对林肯采取嘲弄、谩骂的方式，以为这样就能改变林肯的意见和决定。他不断发起攻击，甚至坚持了很久。就在林肯遇刺的那天，贺瑞斯·格里历还不忘发表了一篇言辞犀利又尖刻的文章攻击林肯。但是那些话有用吗？答案是否定的。所以，我们可以说，嘲讽和谩骂永远不能解决任何问题，反而会使问题变得更为尖锐。

如果你希望自己在这一方面能获得提升，并掌握一些具体的提升为人处世方面的技巧，我建议你阅读本杰明·富兰克林的自传。我认为这是一本很引人注目的传记，也是美国的一本古典名著。在这本书里，富兰克林用自己的经历告诉我们他是如何克服了好争辩的坏习惯，从而成为了美国历史上最能干、最和善且最有魅力的外交家。

很久以前，当富兰克林还是个意气风发的年轻人时，他和很多年轻人一样，有着毛毛躁躁的缺点。一次，他的一位老朋友跟他谈话时，将他骂醒了，这位老友说："本，你真的是让我太失望了。你知道吗，每一个和你意见不同的人在与你相处的时候都被你伤害了。你的意见大家可承受不起啊！如果你不在场，大家会觉得舒服多了。你有很多的知识，大家也没办法再教你什么了，因为谁也不想找罪受，而你的知识恐怕以后就要停留在原来的水平上了。"

这件事对本杰明·富兰克林的触动很大，后来，他下定决心改掉傲慢和粗野的陋习，学会不再与人争辩。后来，这成了本杰明·富兰克林的优点之一，并逐渐使他成为了一位成熟和睿智的人。

在被问及这件事时，本杰明·富兰克林说："自此，我立下一条规矩，绝对不能发生正面冲突，也不允许自己太武断，我甚至不允许自己在语言和文字上使用太过强硬和绝对的词语，如'当然''绝对''无疑'等，而用一些相对温和的词语，如'我想''我想象''我假如'等，在别人陈述完一件事之后，我不会立刻去反驳他，即便我不认同，我也不会立刻指出他的错误，而是委婉地提出意见，并告诉对方，在哪些情况下，他的说法是对的，但就当下的情况来看，好像有点不同。这一陈述上的改变让我很快认识到了益处，凡是我在场的沟通和谈论，气氛变得缓和多了，大家也不再因为我的在场而感到不自在了，我用谦逊温和的方式表达自己的意见，能让他人更加容易接受，更能避免很多不必要的冲突，而当我的意见不正确时，也不再那么难堪了。当我意见正确的时候，也没有那么多人站出来反对我了，而是开始赞同和认可我了。”

“一开始，我在使用这种方法的时候很不习惯，这简直不是我了。但是当我坚持下来后，我发现这真的越来越容易做到了，我逐渐养成了习惯。我可以说，在过去的五十年里，应该还没有人听过我说过一句绝对和武断的话。这一点让我在提出新法案或修改旧条文时能得到支持。我本身就不是个巧舌如簧的人，我的口才并不好，别说雄辩了，我更是经常说错话，但即便如此，因为我的这一利器，我在提出意见时还是获得了广泛的支持。”

不仅在政界，在商界，本杰明·富兰克林的方法也很有作用，接下来，我们来举三个例子：

在我的课堂上，有个叫凯瑟琳·亚尔佛瑞德的女性，她是北卡莱罗纳州王山市一家纺纱工厂的督导，她这样阐述自己的一段经历：

“我的主要工作就是对员工进行管理，其中最主要的部分是设计出能激励员工的各种标准和方案，以此开发员工的工作积极性，让他们提高生产效率，也帮助他们赚到更多的钱。

从前，我们只是生产两三种纱线，那个时候，我们的管理方案还不错，但现在，我们的生产任务是十二种以上不同种类的纱线。最近，我们扩大了产品项目和生产数量，这样，原来我们所设定的员工报酬方案就不合理了，这样肯定无法激励他们努力工作。于是，我苦思冥想，设计出了一套新的方案。随后，我聚集了厂里的一些高级职员召开了一个会议，我试图说服他们我的方案是合理的。在会上，我认真分析了以前那个方案的不足，并指出大家的劳动得不到合理报酬的根本原因以及当下我准备推出的最新方案，但遗憾的是，我最后失败了，我着急为自己的新方案辩护，但却没有在给足他们面子的情况下指出老方案的不足。

在参加了几次课程后，我认识到了自己的错误，这时，我还想挽回败局，所以请求大家一起召开了第二次会议。在这次会议上，吸取之前的教训，一开始我并没有擅自决定方案，而是让大家各抒己见，说出解决方法，然后在恰当的时刻提出了自己的办法，一场会议结束后，最终的方案敲定了，我自己都没想到，他们接纳了我的方案。

所以我现在深信一点，直截了当地指出一个人的错，不但得不到好的效果，而且还会对别人的自尊造成伤害，而同时，你也让自己顺理成章成为了一个令人讨厌的人。”

我还有个学员叫迈哈尼，他住在纽约街的114号，售卖石油工作者需要的特殊工具。最近，他拿到一笔很大的订单，客户来自长岛，双方在协商好了制造方案后，工具就进入了生产阶段。但此时，事情却出现了戏剧性的转折，那位买主的朋友和他谈到此事时都警告他，他们对即将要生产的工具各种指点，比如太长了、太宽了。那些朋友将他说得火冒三丈，随即，他就给迈哈尼打了电话，声称自己绝不会买那些工具，但此时，这些工具已经开始制造了。

后来，在谈到此事时，迈哈尼说："我十分确定，我的方案没有任何问题，但是我不能在电话里这样告诉他，所以我决定亲自跑一趟长岛，当我推开门走进他办公室的那一刻，我就看到他气鼓鼓地朝我冲来，情绪非常激动，然后对我的产品进行各种指责，到最后，他实在没力气了，对我说：'那现在怎么办？'"

"接下来，我非常诚恳地告诉他，我愿意按照他的意思去解决问题，我告诉他'您是顾客，所以我很希望你能花钱买到最实用的东西，但是这件事总该有人负责。现在，如果您认为自己是对的，那么，请给我一个方案，尽管我已经为之前的方案花掉了不少钱，但是我愿意承担损失。为了让您满意，这笔钱不算什么，但是，如果最后实行的是您给出的方案，那么这件事您必须承担相应的责任，如果您不管了，这件事交由我

来按照原计划执行，那么，我可以向您保证一切责任由我承担。’

“在我说完这番话后，他平静了下来，然后两手一摊，说：‘那好吧，就按照原定计划执行，希望事情能进展顺利吧。’

“结果证明我是正确的，于是，他答应我，本季度再向我定两批货。

“当时我的那位顾客在我面前十分生气，说我很外行。在这样的情况下，如果我没有良好的自制力，一味地争辩的话，也许真的会闹得很不愉快，不仅会失去一笔生意，甚至还有可能打官司。所以，我深信一点，粗率地指出别人的错误是害人害己，完全划不来。”

还有一个商业上的例子。我的一个学员叫克罗利，他是纽约泰勒木材公司的销售人员，他对其他学员说，他太清楚直率地指出那些木材检验员的错误的代价了，虽然他也常常能从争论中获胜，但这却没有给他带来一点好处，最起码生意做不成。而且，他开玩笑说：“他们就好比那些固执的棒球裁判员一样，一旦他们判定了，就死不悔改。”

克罗利明白，他虽然经常能在口舌上赢得别人，但却损失了生意，也就少了利润。所以，他选择到我这里来学习，他决定好好学习如何说话，并不再与人争论，下面就是他在班上所作的报告：

“有天早上，我办公室的电话响了，电话那头是一位焦躁愤怒的客户，他向我抱怨我们送过去的一车木材完全不符合规格，现在，他的公司已经下令停止卸货，要我们立即将木材运送回去。

我决定亲自去看看到底什么情况，在路上，我一直在思考怎么解决这件事，在平时，我一定运用自己这么多年在木材销售工作中积累的对木材的专业知识来应付，比如木材的检验标准等，但是我突发奇想，为什么不运用在课程中学到的知识呢？很快我就到了工厂，来到了他们的办公室，我发现采购部的负责人和主任已经在等着我，他们一副想要和我吵架的架势。我走到正在卸货的货车旁，让工人继续卸，然后把不合格的木材挑出来，把合格的放到另外一边。

“我看着这些工人将木材搬来搬去，随后我发现，他们之所以认为我的木材不符合标准，是因为他们的检验标准实在太严格了，而且还弄混了白松的检验标准，虽然我知道那位检验员对硬木很熟悉，但是检验水平却不够，而且经验不足。碰巧，我在这一领域是最内行的，但是我并没有对这位检验员提出质疑，而是继续观看，并慢慢询问他对这些木材检验不符合标准的理由是什么，当然，我并没有含沙射影地说他错了，我真诚地请求他给出意见，并保证以后送货一定会满足他们的要求。

“全程我都表现出十分诚恳的态度，带着请教的语气，并且告诉他一定要将不满意的木材挑出来，我的态度让他很满意，于是，一开始我来的时候他们身上的那种愤怒的情绪开始消失了。当然，期间我也偶尔小心翼翼地提点几句，让他自己发现他们认为不满意的木材其实也是符合规格的，并且，让他意识到，他们给出的价格也只能买到这种档次的木材。当然，在说这些的时候，我十分小心，绝不让他感到任何的不愉快。

“慢慢地，我发现他的态度有了很大的改变。最后，他自己也坦诚自己对白松木的了解并不是太多，还问我那些已经卸下来的木材的有关问题，然后我就开始解释其实那些木材都是合乎规格的，并且我坚持说如果不合格还是可以撤回。最后他自己明白了，原来问题是他们自己没有明确他们自己所需要的到底是什么等级的木材。

“后来，他又将那些已经从卡车上卸下来的木材重新检查了一遍，然后全部接受了。当然，我们也得到了货款。在这件事的处理上，我不过是运用了一些小技巧，控制住了自己的脾气，这就让我们公司减少了很大一笔损失，并且，我们也因为这件事建立了深厚的友谊，这一点不是用钱可以衡量的。”

马丁·路德·金是著名的和平运动者，有人问他为何那么推崇当时美国官阶最高的黑人军官丹尼尔·詹姆斯将军，马丁·路德·金说：“因为他有很难得的一点，那就是根据对方的原则来判断对方，而不是根据自己的原则。”

在美国南北战争的时候，有一次，罗伯特·李将军在南部联邦总统杰弗逊·戴维斯面前，以十分赏识的态度评价了他下面的一位军官，在场的另外一位军官听闻后十分诧异，他说：“将军，您要知道，他可是您的死敌啊！”这位将军说得对，这位军官在很多场合，只要一有机会，就抨击罗伯特·李将军。没想到，李将军接下来这样说：“您说得对，但是总统问的是我对他的看法，却不是他对我的看法，不是吗？”

在这一章，我们所阐述的其实并不是什么新鲜观念，而是一些老生常谈的话题，就如两千多年前耶稣说过的一样：“尽快认同反对你的人。”

在耶稣诞生的时候，埃及国王阿克图也给予了他儿子忠告：“圆滑一点，它能让你无所不能。”这句话对于当今的我们来说同样适用。

所以，我们可以说，任何时候，你想要让别人同意你，就要掌握第二条规则：尊重别人的意见，切忌直白地指出别人的错误。

错了，就勇敢承认

如果你是正确的，你要在潜移默化间引导对方同意你，而假如你是错的，你也要勇敢承认，这远比只知道为自己争辩有趣多了。

这样的感悟来自我亲身的一次体验。

从我家往外走不到一分钟的距离，就有一片森林。春天来的时候，森林的野花盛开，松鼠上蹿下跳、在森林里建筑巢穴，马草长得很茂盛，我把这片完整的林地叫森林园。实际上，这确实是一个森林园，我发现它的时候就像哥伦布发现新大陆一样。一有时间，我就带着我的波斯狗瑞克斯去森林园散步。它是一只可爱的小狗，因为森林园中无人。所以我经常不给他系上皮带或者口笼。

一天，正当我们在园中散步的时候，遇到了一位想展示自己权威的警察。

他对我说："你不给它系上皮带，也不给它带上口笼，还让它在森林园中乱跑，难道你不知道这是犯法的吗？你为什么要这样做？"他的语气中全是责备。

我回答他："我知道这是犯法的，但是我觉得这里四下无人，它也不会对别人造成什么伤害。"

"那是你认为的，法律却不管你怎么想。法律不是你制定的。你的那只狗也许会伤害别的孩子，或者小松鼠。这次我先不跟你计较、放你一马，但是如果再让我看见你带着你的小狗在这里溜达，还不给它戴上口笼或系上皮带的话，那么，我就会把你交给法官处置了。”

我当然只好很谦恭地答应了他。

当然，我真的遵守了几次，但我的小狗瑞克斯确实不喜欢被系上皮带或者戴口笼，我也不想让瑞克斯不开心，所以我经常会格外小心，也希望能碰碰运气。起初确实没什么，但是后来发生了一件事。一天下午，我又带着瑞克斯出门了，我们一起在小土丘上玩耍，突然我看见那个总是把法律挂在嘴上的警察骑着一匹红棕色的高头大马出现在我们前方。

我知道我说什么都晚了。于是，我决定在他开口之前先承认自己的错误，于是，我说：“我尊敬的警官先生，现在，我被你抓了个现形，我确实犯法了，我没有任何借口，就在上个星期你说再看见我不给小狗带上口笼或者系上皮带，你就要把我交给法官处理。”

当我一股脑儿说完这些话后，没想到他的口气却温柔多了，他对我说：“我也能理解，当这里四下无人的时候，让一只小狗在这里自由自在地跑来跑去，确实是一件很诱人的事。”

“是啊，太诱人，但确实也是犯法的。”我继续认错。

“不过这样的小狗是不会伤害到人的。”他倒替我辩护起来。

“不，但它也可能会伤害松鼠。”我说。

“哦，我觉得你对这件事太较真了，我告诉你一个办法，只要你抱着它跑到土丘那边去，让我看不到它，我想这件事我就可以当没看见了。”

现在想来，这位警察也确实挺有人情味的，不过我清楚一点，他需要的是自重感。当我开始承认自己的错误并感到自责时，唯一能让他的自重感爆棚的办法就是对我采取宽容的态度，以显出他是一个宽大为怀、具有慈悲心的人。但如果我为自己辩护的话，情况就不得而知了，不过我知道，和一名警察争辩，我是不会赢的。因为无论事实到底如何，警察绝对正确，而我绝对是错误的。于是，明智的我立即坦白了自己的错误，然后还诚恳地承认了，很快，这件事便愉快地解决了。

其实，如果当我们知道已经无法避免一场责备时，我们还不如先责备自己。这样难道不是比让别人来责备你好得多吗？听自己批评自己，不是比忍受别人的斥责容易得多吗？而如果你能把那些正要被人说出来的批评的话先说出来的话，那么，为了提升自己的自重感，对方就会宽容你。这就如同我的经历中那位警察宽容对待我和我的瑞克斯一样。

相反，那些实际愚蠢却自以为聪明的人总是会为自己的错误辩论，并且，多数愚蠢的人都会这样做。而如果你能承认自己的错误，就会给别人一种内心高尚的感觉。

有位叫费迪南华伦的商业艺术家，他就领略过这一技巧带来的益处。他曾经巧妙地获得了一位极度粗暴易怒的艺术品客户的好感。

在谈到这件事时，他说："无论是商业广告还是出版品，我们都要要求精确和一丝不苟，这是毋庸置疑的。在工作中，一些艺术品编辑在下达任务时要求立刻实现，在这样仓促的时间内难免会发生一些小错误，我所了解的一个组长就是鸡蛋里挑骨头的人，每次离开他的办公室时，我的内心都很不爽，并不是因为被批评，而是因为我被攻击。最近，又出了这样一件事，当时我给了他一个方案，然后我就接到了他的电话，他叫我立刻去他办公室，我知道，他又要找我麻烦了，他在对我说话时充满敌意，总是挑毛病，并且说出了一大堆责备我的借口。当然，这也是我运用自我批评技巧的好机会。因此，我此时说：'先生，你说的没错，我的失误一定无法原谅，我已经在您手底下工作了这么多年，这个图，我确实不知道怎么画才对，对此，我表示很惭愧。'

"接下来，他态度稍微缓和点了，对我说：'是的，你说的没问题，但这也确实是个严重的错误，只不过——'

"在他还没有将话说出口时，我打断了他，'无论是什么错误，都是要付出代价的，这一点着实让人不痛快。’他本来还想继续说几句话的，但是我并不让他开口，而是继续进行自我批评。那个时候，我发现，这个方法真的妙极了。然后，我继续责备自己：‘这件事，当时我真的该小心点，而且，您那么器重我，将很多重要的工作交给我，所以我决定这件事我要重新做。’

“我完全没想到，此时他竟然开始反对起来，急忙摆手说：‘不，不，我没有想过叫你再麻烦一次’，然后他开始赞扬我的作品，并告诉我其实只需要稍微修改一些就行了，而且这点小错误也不会对公司造成什么损失，叫我不必太过担心。

“就是这样的情况下，我还继续自我批评。一段时间后，他的怒气完全消除了，到午餐的时候，他还执意留我下来一起吃饭。我从他的公司离开的时候，他给我开了一张支票，又给了我另外一笔生意。”

可见，当一个人意识到并且勇敢承认自己的错误时，他自身也有成就感，这不仅可以消除罪恶感，卸下自卫的火药，而且还可以解决这个错误带来的负面影响。

我有一个叫布鲁斯·哈威的学员，他负责薪酬发放的工作。一次，他错误地给了一位已经请了病假的员工全勤奖，但是当他发现这个错误时，薪水已经发放完毕，他找到这位员工，然后告诉他，必须要解决这一错误，具体的解决方法就是在下次发薪水时减去这笔钱，但这位员工说这样做会对他的经济造成压力，所以，希望能以分期的形式慢慢扣除。不过这需要布鲁斯上级的批准，他只得向这位员工承认：'我知道，我的老板一定会生气，因为这确实是我的疏忽，我考虑采取一种更好的方式来处理这件事，我必须要在老板面前认错，这真的是我的混乱造成的。'

"我敲开了老板办公室的门，很老实地承认我做了一件错事，然后将事情的前因后果告诉他，他大发脾气，说这是人事部门的错误。我说这是我的错。于是，他又说这是会计部门的疏漏。我依然说这是我的错。然后他又说这是办公室另外两个同事工作没到位。但是我一直坚持说这是我的错。最后，他无奈地看了看我，说：'好吧，你说是就是。那么，现在，这件事就这样解决吧。'

"最后，这件事得以圆满解决，也没有给任何人带来麻烦，我为自己感到骄傲，因为我能独立处理一件突发事件，并且有勇气承认自己的错误，而不是给自己找借口，并且，自从这件事以后，我的老板更加认可和器重我了。"

遇到问题时，人们会习惯性地为自己辩护，但真正高尚的道德是承认自己的错误，比如，关于李将军的故事，历史所记载的能够显现他高贵品德的事件就是他在乔治·皮克特葛底斯堡战役冲锋失败后进行的自责。

无疑，皮克特在战场的大无畏精神，大概是美国历史上最让人们津津乐道的英雄之举。他留有一头褐色的长发，几乎已经到了肩背。而且，和拿破仑在意大利战场一样，他几乎每天也会为自己的情人写一封热烈的情书。

那是七月的一个下午，皮克特和往常一样歪戴着他那顶个性十足的帽子，骑着一匹健美的大马，带着他的士兵们气势昂扬地往前走着，人山人海、旗帜飘扬、闪烁着光泽的刺刀，场面太壮观了。其实那时，联军已经在隐隐地嘲笑他们了。

皮克特带着他的军队，踏着轻快的步子，一步一步往前走。就在此时，敌人的大炮毫无预兆地开始轰炸他们，原来那些联军早就隐藏在墓地岭的石墙后面，他们架起了一排又一排的枪，铆足了劲向皮克特的军队开火。瞬间，整个山顶成了火海，到处是鲜血和刺刀。就在短短的几分钟之内，皮克特的五千部下死伤过半，连他的旅长们也都被击毙了。

联军统帅阿密斯坦面对即将胜利的战事，赶紧带着自己的军队，做最后的冲杀，他们跨过石墙，举着刺刀，然后大喊："冲啊，战士们。"

皮克特的士兵们也跳过墙头，然后冲上去和联军展开了一场激烈的战斗。最后，他们终于把南军的战旗插到了墓地岭上。但那面战旗只在墓地岭上飘荡了一会儿就消失了。

在这场冲锋中，虽然皮克特是勇敢的，但最终还是失败了，南方军队也无法深入北方了。

李将军为此极为悲痛。当时任职南方联盟政府总统的是戴维斯，李将军向戴维斯提交辞呈，并希望总统能另外指派“一个能力强的人”。

的确，如果李将军想要将这次战胜失利推脱给别人，他总是能找到理由的，比如，有些师长指挥能力不足、马队到达得太迟，无法协助步兵进攻，这里不对，那里不对等。

但李将军是个品格高贵的人，他没有把责任推到任何人身上。当战事失利、皮克特带着剩下的一些士兵挣扎着回到联盟阵线的时候，李将军独自一人骑着马去迎接他们，并不断地自责：“这全是我的错，是我一个人失败了。”

想想看，在历史上，有多少人能有李将军这样的气魄、胆量和品格呢？

一位在中国香港任教的老师，名叫麦克·庄，他的班上有位中年同学，他身上所遇到的问题反映了中国古老的原则和传统。

这位同学一直很苦恼，因为他的儿子一直不理他。他在很久之前是个瘾君子，不过他现在已经戒掉了。他多么想父子团聚，但是因为中国的传统，长辈是很难主动向晚辈承认错误的，所以，他认为，如果他们父子想要重修旧好的话，必须他的儿子先主动示好。在课堂上闲聊时，他还和同学们聊到自己还未见面的孙子孙女，心中满是感慨，但他就是不主动去做这件事。

然而，当课程快结束的时候，他的看法完全改变了。他说："我认真想了想这个问题，我认为戴尔说的很对，如果错了，就应该马上承认你的错误。我错怪了我的儿子，他不来认我，且不和我的生活有任何交集，其实是正确的，因为犯错的是我。尽管事情过了很多年，已经错过了认错的最好年纪，但我还是要认错，还是希望请求他的原谅，我有责任这样做。"听完他的这番话，大家都鼓励他、赞扬和支持他。

在接下来的一堂课中，他和我们讲述了他在儿子家里的情况，以及他和儿子、媳妇以及孙子孙女们相认且建立感情的过程。

阿尔伯特·哈伯德是一位很受争议但极具特色的作家。他的笔风尖酸刻薄，这点常让人感到很不满，但他的为人处世技巧又让人十分敬佩。正因为如此，不少人愿意和他交朋友。

比如，他收到一位读者的信，信中表示了对他文章的不满，甚至还痛骂了他一顿。然而，阿尔伯特·哈伯德并没有回击，而是这样回复：

"其实，我自己很多时候也不同意自己，我昨天写的东西，今天不满意，今天写的，明天也有可能不满意，不过很感激你给我提出意见，希望下回有机会，你可以过来坐坐，我们可以交换意见，遥祝诚意。”

面对这样一个满心诚意的人，你还有什么可说的呢？

当我们观点正确的时候，我们应该试着以温和的、有技巧性的方式让对方在不知不觉间认可我们，而如果我们错了，就要立即勇敢地承认，这样做不但能提升我们自身的自豪感，更能给你带来意想不到的效果。

所以，我们可以说，用争斗的方法，不可能让你获得满意的结果，然而，选择让步，你获得的将比预期的多得多。

所以，如果你希望别人赞同你，那么，请记住第三条规则：如果你错了，一定要勇敢承认。

通往理智的大道

假如你向对方发脾气，发泄你心中的诸多怨气，也许你会获得快感，但对方呢，他会分享你的痛苦吗？你那敌对的态度和充满火药味的话语，真的能让对方赞同你吗？

威尔逊总统曾说过：“如果你紧握一双拳头来见我，那么，我可以向你保证，我的拳头比你的更紧，但是假如你说：‘我们坐下来好好谈谈，看看意见中的差异是什么，’那我们就会发现，好像看起来彼此间的差距也并不是那么大，甚至发现我们还是有很多相同的地方。只要我们真诚、有耐心地与对方沟通，就能沟通得很好。”

一百多年前，林肯说了这样一番话：“假如在他人的心中，有愤愤不平的情绪令他们对你印象恶劣，那么即便把那些基督理论搬出来，也无法使他们信服于你。”

生活中到处都是这样的例子，想想总是对你求全责备的双亲、专制跋扈的上司、喋喋不休的妻子。的确，唯一很难改变的就是人们的思想，你无法强迫他人同意你的观点，但是你完全有可能逐步引导他们，只要你采用的是友善、技巧性的话语。

这是一句古老但亘古不变的箴言：“一滴蜂蜜要比一加仑的胆汁更能诱捕苍蝇。”人与人之间的相处也是如此，如果你想赢得人心，首先就要让他相信你是他最真诚的朋友，那就好比你在他的心头滴上了一滴蜂蜜，他的心被吸引了，这样，你就找到了一把开启他心门的钥匙。

在律师界，有个很权威的人物——丹尼尔·韦伯斯，他被很多人奉若神明。但是即便他有如此高的声誉，他在法庭之上也一直都使用那些温和的字眼，在辩论中，他常常使用这样的语句：“也许这值得再深思”“这还有待陪审团的考虑”“我想这里有些事实，您还没有忽略掉”“我想，出于您对人性的了解，应该很容易看出这件事的重大意义”——所有这些话，都没有威胁、没有高压，更没有强迫。韦伯斯使用的都是一些最温和和最友善的处理方式，但却彰显了他的权威，这就是其最大的成功之处。也许你并不需要在陪审团成员面前发表演说，但是，你绝对有机会遇到下面的情况：

施特劳伯是位工程师，他租住在一间公寓里，但房租有些高。他想劝说房东降低房租，但听其他的房客说房东是一位铁面无情的人，因此他感到苦恼。

在一次训练班的报告上，他陈述了这件事："我给他写了一封信，在信上，我对他说，等租约期限一到，我就会搬出去。不过我并不想搬家，只是希望能降低房租而已。我很愿意继续住下去，但我也明白，其他房客都试过跟他谈，但都失败了。他们还提醒我，这位房东不是一位好应付的人，让我特别小心。我对自己说：'我最近正选修一门课呢，正好拿这件事练练手。'

"在接到我的信后，房东很快就来了，我开了门，跟他打招呼，说了些热情的问候语。我没有提到他的房租定得太高的事，只是一直在表达我对这栋公寓的喜欢之情。请相信我，我确实是一直在赞美他的房子，我还恭维他会管理房子，如果不是我交不起房租的话，我很愿意一直租住下去。

"我发现，可能是他从来没有遇到过我这样的租客，所以一时间有点手足无措了。他告诉我一些关于他的房客让他感到困扰的事。‘有人写了14封信，其实我能看出来，那些话是在侮辱我。居然还有人叫我让楼上的人停止打鼾，否则他就违约不交房租，这简直是无理取闹。像你这样的房客，实在太少了，有你我也减轻了不少麻烦。’最后，在我还没提减租一事之前，他居然主动为我降低了一些房租。后来，在我们谈完他准备离开的时候，他居然还转过身来问我房子还有哪里需要装修的。我想，假如我用和其他租客一样的方法要求减租，相信我游说的结果也和他们一样。而我竟然得到了截然不同的结果，这就是友好、赞扬所带来的力量吧。”

匹兹堡的迪恩·胡洛克考克是匹兹堡电力公司的一个部门主任，有一次，他的一个下属被叫去修理一根电线上面的设备。这在原来是另外一个部门的工作，最近才被这个部门接替。虽然他的两位下属在此之前也接受过这样的训练，但并未得到过具体的操作机会。公司里的每个人都对这件事持观望态度，都想看看他们是不是能做好这项工作，胡洛克考克下面的几个组长，以及一些其他部门的人，都去了现场。

胡洛克考克看了看周围的情况，他发现，有个人拿着相机走出了车子，开始对当时的场景进行拍摄。电力公司这样的企业一般都十分注重公共关系。胡洛克考克想，这位拿着相机的人一定认为，简单的两个人的操作工作，竟然有十几个人前来观望，简直是太浪费人力资源了。于是，接下来，他朝着这位拿着相机的人走去。

胡洛克考克对这个人说："先生，您对我们的作业很感兴趣吗？"

"还好吧，不过我认为我的母亲肯定能给你答案，因为她持有你们公司的股票，这可以让她擦亮眼睛，发现她是多么的不明智，非要买你们的股票，在很久之前，我就提醒过她，像你们这类公司真的不靠谱。今天我拍的照片就可以拿来佐证我的观点，而且，我想那些记者和报纸应该也会对我这些照片感兴趣的。"

胡洛克考克说，"就目前的情况来看，事情确实很像您所看到的那样，如果我处在您的位置，肯定也是这样认为。不过，今天确实是一次比较特殊的情况……"胡洛克考克向这个人解释，这是他们部门第一次接手这一工作，全公司的所有部门都十分重视这件事，并且，他保证，通常来说，这类简单的工作确实只需要两个人，随后这个人收起了相机，态度也温和起来，并与胡洛克考克握手，感谢他肯花时间向自己解释这一情况。就这样，胡洛克考克采用正确的方式和友好的态度，为自己所在的部门和公司解决了不少尴尬的问题。

在我开办的课程中，有位叫吉拉德·文恩的人，他来自新罕布什尔州李斯特市。在他给出的报告中，他也阐述了自己是如何运用友善的态度解决了一起损毁赔偿案件。

事情是这样的：

“今年春初的时候，地面尚未解冻，但是下起了一场大雨。由于城市的排水系统并不是很好，雨水竟然流到了我刚刚盖好的一处房子的地基里，而且已经灌到了里面的水泥板里，这自然对地基造成了伤害，所以，地板都裂开了，我的地下室也泡水了，热水器和火炉也都损坏了，这些东西可不好修，最起码要花两千美元。并且，不幸的是，我之前所申请的保险项目中并不包括这几项内容。

“但我很快认识到，这一事件承建商应该负责，因为他们在周围没有修建排水沟，如果有水沟，就不会出现水淹地基的事了。我想了下，认为得去找他们讨个说法，我离承建商所在的公司有25公里路，一路上我都在想怎么和他们说这个问题。令人庆幸的是，我想到了在培训班上学习到的与人沟通的技巧，我决定将其运用其中。当我敲开了负责人的门后，我态度十分平缓和冷静，一开始，我并没有提出我遇到的问题，而是先谈到他最近去西印度群岛度假的事，再以轻描淡写的口吻说到了水淹地下室的事。我的技巧真的奏效了，很快，他便答应要负起改进的责任。

“过了几天，我接到了他打来的电话，说他会负责修理的费用，而且还要在附近修筑一条排水沟，以防类似的事情再次发生。

“这件事的责任确实在承建商，但是如果我不是采取友善的态度的话，那么，我是不可能轻松地让他答应负责任的，这件事解决起来难度就很大了，也许还会根本无法解决。”

接下来，我再来说说我的一位女学员戴太太的经历，她是一位社交名人，在谈到这一方法的使用上，她很有心得：

“有一次，我邀请几个朋友吃午饭，这次的宴会对于我来说很重要，我希望大家都能吃得尽兴。我的总招待叫艾米，一直以来，她都是我的得力助手，然而，在这一次的宴会事件上，她真的让我很失望。整个宴会办得十分失败，从头到尾，我都没看到她的人影，她只是找了个侍者来招待我们，而且这位侍者一点也不专业，更不知道如何提供最好的服务。每次上菜，那些主客都是最后一个才分到菜，而且菜很难吃，肉都没炖烂，真的是糟透了。我内心憋着一股火气，真的急需要倾泻出去。我决定等我见到艾米，一定要好好教训她。

“这件事后的第二天，我听了卡耐基先生的课，然后我猛然发现，这件事已经发生了，即使我训斥艾米也无济于事了，而且她还会因此跟我生气，甚至导致她以后都不好好工作。因此，我要试着以理性的态度来看这件事。宴会的事，无论是买菜，还是做菜，都不是她亲自掌管的，只是她底下的员工太笨，而不能怪她。宴会那时候，我确实心情太急躁了，不分青红皂白就想质问艾米，幸亏我控制住了情绪。后来，当我真的以和善的态度与艾米交谈后，我真的得到了良好的沟通效果。

“第二天我见到艾米后，她果然如我所料一样也有火气，好像要随时准备跟我吵架，我对她说：‘听我说，艾米，我只是想说，当时宴会如果你在的话，真的对我非常有帮助，你是我最得力的助手，也是全纽约最出色的招待。我知道，那些菜不是你买的，也不是你掌勺的，所以那天的事你没办法控制。’

“果然，艾米的面部表情马上缓和了很多，然后对我说：‘是啊，夫人，谢谢您的理解，问题确实在厨房。’

“然后我继续说：‘那这样，我还有其他的宴会，艾米，你看这次我们能不能再给厨师们一次机会呢，这件事你能给我点意见吗？’

“‘这是当然的，夫人！我可以保证，上次的事情再也不会发生了。’

“第二周的时候，我又举办了一次宴会，这次我和艾米一起计划菜单，而且，她主动提出减少一半的服务费，我们都绝口不提上次的错误。”

“我的客人们前来落座时，看到了摆在餐桌上的精美餐具、多姿多彩的玫瑰花，都很开心。而艾米也在旁边照看着，这次服务比上次周到多了，食物也很精美，真的是挑不出任何毛病。这次是由四个侍者来上菜的，而不是和上一次一样只有一个，到宴会结束的时候，艾米亲自端了甜点过来。

“宴会结束的时候，我的客人们都对此次的用餐体验赞不绝口，有位宾客开玩笑说：‘你的招待怎么这么贴心，你对他施了什么魔法？’

“当时，我真想对这位客人开玩笑说：这种魔法叫友善和诚意。”

当我还是个打赤脚、到处乱跑的小男孩时，我就读过《伊索寓言》中的一则小故事。故事内容是这样的：

南风和北风在半空中相遇了，可是它们谁也说服不了对方让步，一时僵持不下。这时，它们同时看见路上的行人，于是决定打个赌，看谁能将行人身上的大衣脱掉，就算谁获胜，就刮它那个方向的风。北风首先发威，顿时冷风凛冽寒冷刺骨，行人为了抵御北风的侵袭，把大衣裹得更紧了；南风则徐徐吹动，顿时风和日丽，行人觉得春暖全身，开始解开纽扣，继而脱掉了大衣。于是，南风轻而易举地获得了胜利。

在我看到这个寓言后不久，在波士顿的郊区就发生了一件可以佐证这项真理的事件。

我们都知道，波士顿是美国的教育和文化中心。当年，波士顿的报纸上充斥着那些江湖郎中的广告，很多都是关于庸医和堕胎的，表面上是治病，但言辞犀利，且以恐吓为主，比如用“你将失去性能力”这样的话来欺骗消费者，激发消费者内心的恐惧感。但他们在收钱后却不给人治疗，以至于不少人都被这些违背良心的庸医给害死了。更令人义愤填膺的是，这些骗子却很少被惩治，有时他们只需要交点罚款就可以脱罪了。

这样的情况让波士顿人十分愤慨，无论是传教士、家庭妇女还是商界人士、社会青年，都在为这件事奔走疾呼。然而，一切都无济于事，因为他们有利益集团和政治上的庇护。

我的一位学员毕医生是波士顿基督教联盟的善良民众委员会的主席，他也在为这件事努力，他所在的委员会已经想尽了办法，也没能对这帮医界的败类做出惩罚。然而，毕医生却做到了，那么，他是怎么做到的呢？

毕医生运用了一套全新的方法——赞美、仁慈和同情，让报纸不再刊登这类广告。

他给当时的波士顿前锋报负责人写了封信，在信上，他表示自己是多么仰慕该报，平时都一直关注该报：新闻平实、语言客观，对社会评论尤其精彩等。毕医生在信中强调它是整个英格兰地区最好的报纸，然而，有一天夜里，他的女儿正在高声读报纸，却突然读到了上面有关堕胎专家的内容，并询问她的父亲这是什么意思，当时的场面让他太尴尬了，他不知如何为女儿解答。他在信中写道："贵报已经深入了波士顿的上等人家，这种事情发生在我的家中，也就有可能发生在其他人家，如果您有女儿，是否愿意让她看到这种广告呢，如果她看到了，且问您同样的问题，您怎么解答呢？非常可惜，像这样一份几乎完美的报纸，却有如此不堪的广告，这使得我们的父母不敢让孩子尤其是女儿阅读，可能有很多的家庭也深有同感吧。”

两天以后，毕医生收到了前锋报负责人的来信，这一封信一直被毕医生珍藏，在加入了我们的班级学习后，他将这封信给了我，这封信的日期是1904年10月13号，这封信的内容如下：

亲爱的先生：

顷接台端十一日致本报编辑来函，甚为感激。大函的正言说论，促使本人实现了自接掌本职后，虽一直有心去做却始终未能下定决心的一件事。

从下周一开始，本人将敦促波士顿前锋报抛弃一切招致非议的广告，暂时无法剔除的广告，也将审慎编辑，不使他们对读者造成任何困扰和不快。

大函惠我良多，再度致谢，并盼继续不吝指正。

诚挚的W.E.汉格斯发行人

凡是能真正领悟到我们本章中所说的方法的人，在日常行为中也会表现得更和善，身处马里兰州路德维尔市的盖尔·康纳就为我们佐证了这一观点。

他买了辆新车，但是在短短的四个月内，他却三次将车送到了这家汽车销售公司的售后保养部门。

在我们班上讨论这一问题时，他说："很明显，和售后保养部门的经理交涉这个问题，直面经理或者斥责他们的质量，都无法使得我的诉求得到满足。我在大厅里等了会儿，要求见一下他们的老板，也就是怀特先生，在来到怀特先生的办公室后，我先介绍了自己，然后说自己之所以在他们家公司买车，是因为一位老朋友的推荐，他也曾在他们家买过车，对于他们的服务和质量都很满意。在听到我这样一番溢美之词后，怀特先生笑了。然后我继续说明我和他们保养部门之间的问题，并指出，'我想，您一定十分在意有损贵公司声誉的事吧。'他很感激我告诉了他这件事，并且给我保证，我的问题一定会得到圆满解决，并且他会亲自督促这件事的处理进度，在这期间，他会将自己的车借给我用。"

在古希腊有一位叫伊索的奴隶，他在公元前600年讲述了一些不朽的寓言，但他所讲的关于人性的真理，迄今为止依然适用——仁慈、友善和赞赏，比任何暴力更能使人臣服。

所以，当你希望获得他人的信服时，请记住第四大原则：以友善的方式开始。

苏格拉底的秘密

当你与别人开始谈论某件事的时候，最好先不要说那些你不同意的事，而要先强调并且不停地强调你所同意的事。因为在谈论中，你们想争取的都是同一结果，所以很明显，你们的不同之处并不是目的，而是方法。

所以，尽量让对方在一开始就没有机会说“不”，而让他一直说“是，是的”。关于这一点，哈里傲威·屈博博士说：“‘不’的反应是最难克服的障碍。”他指出，当你说了一个“不”字之后，因为自尊这一本性的驱使作用，你会继续坚持下去。即便在后面的分析里，你也发现你这样的结论未必准确，但是此时如果改变，自尊该往哪里放呢？一旦说了“不”字，你就发现自己很难摆脱。

所以，聪明的谈话者会在一开始就引导对方往肯定的方向说，这对于他想要的结果是十分重要的。一开始就得到很多“是”的回答，这样便能引导对方进入肯定的方向，这就好比撞球一样，如果你一直在打同一个方向，只要有一点点偏差，等你再碰回来的时候，就会与你期待的完全相反了。

其实，让对方回答“是”并不是难度多大的技巧，但很多人却忽略了这一点。可能一些人会认为，在开始阶段提出相反的意见，这样当我们能说服对方改正观点的时候不正好可以显示出我们的睿智吗？事实并不是如此。在我们现实的生活中，只有“是”这种技术的应用会给我们带来好处。詹姆斯·艾伯森是格林威治储蓄银行的一名出纳，他就是利用这种方法，挽回了一位差点失去的顾客。

“一天早上，有个年轻人进来，让我给他开个户头，我拿给他几份表格让他填写，但他却拒绝填写。

“假如我那时还没有学习有关人际关系的课程的话，或许我会告诉他，假如他拒绝填写一份完整的个人资料的话，那么银行是无法给他开户的。但就在那天早上，我突然想，最好还是不要先谈银行需要什么，而是说他的需求。所以在一开始的时候，我就决定先诱使他说‘是，是的’，我先同意了他的看法，告诉他对于那些资料，其实也不是非填写不可。

“然后，我又问他：‘但是，假如出现意外的话，我是说意外，你是不是愿意把你的钱转给你的亲人呢？当然，我们谁也不希望会发生意外。’

‘是的，当然愿意。’他回答。

“然后，我又说：‘那么，你是不是认为应该把你这位亲人的名字和详细联系方式告诉我们，以便在真的遇到那样的情况时我们能按照你的意思处理，而不至于会出错呢？’

‘是的。’

“说到这里，我发现，年轻人的态度已经变得柔和多了，他已经明白我要了解这些资料并不是从银行获利角度考虑，而是为了他个人的利益。所以，到最后，他不仅填了表格中的所有资料，还在我的建议下，开了一个信托账户，指定他的母亲为法定受益人。并且，他也回答了关于他母亲的所有资料。

“这个过程中，在一开始，我就引导他回答‘是，是的’，这样，反而让他忘记了最初的问题，以至于后来他高高兴兴地做了我所建议他做的事情。”

我还有一位学员，他叫约瑟夫·艾莉森，是西屋电气公司的一位业务代表，在训练课程上，他也说了他的经历：

“在我管辖的业务范围内，有一个客户，我们一直想和他做生意。但是我的前任代表曾花了十年时间和他接洽，却没赚过一分钱。等我接管这个地方以后，我前后也花了三年时间跟他谈，还是没有做成生意。不过我没有放弃，最后，已经经不住我们一再打电话的他，终于答应买一些我们的发动机。

“良好的开始是成功的一半。我想只要开始了第一笔生意，后面就可以继续谈下去，我始终这样想着。

“过了三周，我满怀信心地再次拜访他。接待我的是他们公司的总工程师，还未等我坐定，他就告诉了我一个令人震惊的消息：‘抱歉，艾莉森先生，我们不能再购买你们的马达了。’

“‘这是为什么呢？’我很吃惊地问。

“‘因为你们的发动机太热了，以至于我的手都不能放到上面。’

“在听完他的说明后，我知道此时解释是没有用的。我知道该如何处理客户的异议，所以我想起了‘是’反应的原则。

“于是，我说：‘是的，史密斯先生，假如那些发动机真的太容易发热的话，我是十分同意不能购买的，我想，您这里一定有符合电气制品公司标准的发动机吧。’他点了点头，我想，我已经得到了第一个‘是’的反应了。

“接下来，我又问了他一个问题：‘电气制品公司一般规定发动机的设计，其温度是可以高出室内温度华式72度的，是吗？’

“‘是的，不过我还是觉得你们的发动机太热了。’

“‘那么，工厂里的温度是多少呢？’我不与他争论，而是继续问了一个问题。

“‘啊，大概是华式75度吧。’他回答。

“‘哦，是这样啊。我们来计算一下，假如工厂的温度是华氏75度，那么，发动机的温度能达到75加上72度，也就是华式147度，这已经超出人的身体能承受的范围了，如果你把手放到147度的热水中的话，会不会烫伤呢？’

“‘那倒是。’此时，他已经接纳了我的观点。

“‘那么，我们是不是不应该把手放到温度已经非常高的发动机上呢？’我这样对他建议。

"'是的，你说得很对。'很明显，他已经被我说服了。在接下来的几个月里，我又跟他做了将近三万多美元的生意。"

来自加利福尼亚州奥克兰的艾迪·史诺克先生也谈到了这个问题，他说自己也曾因为对方做了一次"是"的反应就成为一家商店的主顾。

艾迪先生有个爱好，那就是用弓箭狩猎，为此，他也曾在添置器材和装备上花了不少钱。一天，他的哥哥来看望他，他们聊到这个话题时，他的哥哥给他提出了一个建议——一些器材可以用租借的方式来使用，而不是购买。于是，艾迪到他经常光顾的一家店去询问。但是店主却说他们的产品只售出而不外借。艾迪只好再给另外一家店打电话，以下是艾迪的叙述：

"接电话的是一位语气温和的男士，我很快表明了给他们打电话的目的，他对我表示抱歉，因为这一服务他们店里已经不再做了。然后，他问我是不是在这之前在其他的店里租借过器材，我回答：'是的，只不过是好几年前的事了。'他对之前的市场行情很清楚，说那个时候一把弓的租金大概是25~30美元。我不得不点头同意他的说法。然后他又问我是不是个节约的人，我当然又给了他肯定的答案：'是的。'然后他告诉我，从性价比的角度看，他建议我可以考虑一下一套正在做特价的弓箭，包括所有的小装备在内才30多美元。也就是说，只要我愿意再拿出几美元，就能拥有一整套设备了，而且我也不需要租借了。他还很诚恳地对我说，这就是为什么他们不愿意把器材租借给客户的原因——这样做太划不来了。当然，随着我们交谈的深入，我很乐意地将器材买下来了。从此以后，我也成了这家店的老主顾。”

我们都知道，苏格拉底是这个世界上最伟大的哲学家之一。即便已经过了两千多年，人们还是将其奉为最有智慧的人之一。对于这个纷乱的世界来说，他确实改变了我们的思维方式。

你知道他的秘诀吗？他指出了别人的错误吗？当然没有。其实他就是运用了此处我们讨论的“是”的反应原则，不过人们将其称为“苏格拉底法则”——他先引导对方回答一些对方会同意的问题，然后逐渐引导对方进入设定的方向中，对方会跟随其思维，不断地回答“是”，直到最后，提问者就自然而然地得到其设定的结论了。

所以，下次当你想让别人认识到他犯了错时，不妨利用苏格拉底的这一法则，先问些问题，让他做出“是”的反应。在中国古老的哲学中，能体现这一智慧的四个字便是：以柔克刚。

总之，如果你想让人信服的话就应该记住第五大原则：首先让别人说“是，是的”。

尽量让对方多说话

如果你要别人成为你的敌人，那么，你就胜过别人，但如果你希望得到朋友的话，那么，你就要让你的朋友胜过你。

我们的生活中，不少人为了让别人接受自己的意见，往往采用了一种错误的方法——说话太多，尤其是那些销售人员，他们更容易犯这样的毛病。其实，你还不如把说话的机会交给对方，让对方畅所欲言。因为每个人对自己和与自己相关的事情知道的都会比其他人多，所以你最好问一些他熟识的问题，让他多讲讲和他有关的事。

如果别人的意见你实在不同意的话，那么，也不要立即阻止他，因为那样做对你没有任何好处。而且，当别人还有话要说的时候，他是不会注意到你的。所以，你不妨忍耐点，先听对方把话说完，并真诚地鼓励他多说、多发表自己的意见。

在商业竞争中，这一原则很有价值，我们不妨先来看看下面的例子：

几年前，美国最大的一家汽车公司需要订购接下来一年使用的汽车坐垫布。即将与公司接洽的有三个有名的工厂，他们将做好的样品送到汽车公司，然后接受公司的高级职员的检验。然后，汽车公司向各厂发出通知，让各厂送交样品的代表再进行一次竞争。

其中一个厂家的代表甲先生来到了这家汽车公司。最近，他的咽喉炎犯了，而且还十分严重。甲先生也是我训练班中的一位学员。后来，他在训练班中提到此事时说：“那次是他们公司的高级职员会议。当时我的咽喉炎复发了，嗓子几乎无法发出声音，我被工作人员带到办公室内，与汽车公司的纺织工程师、采购部经理、推销主任以及这间公司的总经理一起面谈，我站起身来，想努力说话，但是发出的声音却是沙哑的。

“于是，当大家都围绕会议桌坐下来的时候，我只好在笔记本上了写了几个字，并交给经理看：‘各位，抱歉，因为我的嗓子哑了。所以不能说话。’

“‘我替你来说吧，’汽车公司的总经理说，后来他就是这样做的，他将我的产品陈列出来，然后还罗列了产品的优点，他在言语中表现出来的是称赞的态度，所以当时在场的其他人都开始积极讨论起来。在这场会议上，自始至终，他都在为我说话，而我只是坐在那里，偶尔点头向大家微笑或者做了少数手势而已。

“令人感到惊喜的是，我在什么都没有做的情况下，居然拿到了那笔160万美元的合同，这是我做生意以来接到的最大的一笔订单。

“我知道，假如我和从前一样说话，我未必能得到这笔生意。因为我对整个过程的考虑也是错误的。在经过这件事以后，我发现，让他人开口说话是多么有价值的事。”

约瑟夫·韦伯先生是菲拉达菲亚电器公司的业务员，对此，他也很有感触。我们来看看他的经历：

有一次，韦伯先生去宾夕法尼亚做农业考察。

当韦伯先生到达那里的时候，他产生了一个疑问：“为什么这里的人不用电？”他询问了跟他一起的本地区代表。

“他们都是爱财如命的人，你不可能让他们从你这里买下任何东西的，并且他们对你们公司根本就不感兴趣，我已经试过很多次了，一点用也没有。”区代表说这话时候带着一脸厌烦的表情。这让韦伯先生看到了事情的难度。

可能像这位区代表说的那样没有什么用，但是韦伯告诉自己，无论如何都要试一试。

于是，他敲开了一个农家的门，门只是开了一个小缝，里面一位妇人探出头来。她就是曲根老太太。

韦伯先生提及此事时说：“她一看到是公司的代表，就当着我们两个人的面把门一摔，然后我再敲门，她又把门开了，这次门开得大一点，她告诉了我她对我们公司的看法。说着说着，她又将门开了一点，并且用怀疑的目光看着我们。”

然后，韦伯先生对她说：“我留意到你养了一群很好的多明尼克鸡，我想买一打新鲜的鸡蛋。”

他说完这句话后，门又打开了一些，曲根老太太很好奇地问："你怎么知道我养的是多明尼克鸡呢？"

"因为我自己也养鸡，但我从来没有见过这样的一群多明尼克鸡。"

"那么，你应该也有鸡蛋，为什么不用你自己的鸡蛋呢？"曲根老太太有些怀疑。

"因为我的鸡生白蛋，您熟识烹饪，自然知道做蛋糕时，不能用白蛋的，我的妻子在做蛋糕上也有一手呢。"

当韦伯先生说到这里的时候，曲根老太太已经很放心地走了出来，来到走廊上，跟他说话的态度也改变了许多。他看了看，发现旁边的农场里有一个修盖的很好的牛棚。他想他找到新鲜的话题了，然后韦伯先生对她说："曲根老太太，我想，你用鸡蛋赚的钱，应该比你丈夫用牛奶棚赚的钱还多。"

听到韦伯先生这么说，她简直高兴极了，她当然认为韦伯先生说得对。但可惜的是，她那固执的丈夫一直不承认这一点。

接下来，她把他们带到她的鸡棚旁边，在参观的时候，韦伯先生发现她有几种自己造的小设备。然后，韦伯先生介绍了几种食料和温度计，并在某些事上征求了她的意见。很快，他们就愉快地交换了关于养鸡的经验。

再过了一会儿，她提到了一件事——她的邻居们都在鸡棚里安装光电设备，好像这样效果很好，她问韦伯先生是不是如此，她是不是也需要这样做……

就在两个星期以后，曲根老太太的鸡棚也出现了灯光。这些小鸡在灯光的照耀下叫唤着、成长着，而韦伯先生也如愿得到了我的订单，她也得到了更多的鸡蛋，他们各得其所、双方获利。

韦伯先生说："但是，我知道，如果我不事先给她说话的机会，让她进入我的圈套，我是永远不可能把电器卖给这些节约甚至是守财奴式的荷兰妇女的。"

其实，让对方多说话不但能处理商业和生意上的业务，对于我们家庭关系的改善也很有帮助，这里，我们要说说巴贝拉·威尔森和她的女儿罗瑞的关系。她们的关系一直在恶化。其实，在罗瑞小的时候还好，但是到这女孩十几岁的时候，她就开始变得不听话、顶撞巴贝拉，她也曾教训过女儿，甚至严加教育，但是一点用都没有。

到最后，她放弃了努力，在班级中，她谈到此事时说："一天，罗瑞又不听我的话跑出去了，我只得跟着她，在回来的时候，我真想对她大吼一声，但我真的没力气了，我只好看着她，且很伤心地问：'罗瑞，这到底是为什么？'

"罗瑞看出了我的心情，倒是十分平静地看着我，对我说：'你真的很想知道吗？'我点了点头，一开始她还很不自然，只是吞吞吐吐地谈着，但后来，她一股脑儿将心里话全部说了出来。我从没听她说过这么多的话，我惊呆了。我才发现，在过去，我总是告诉她，她应该去做什么，而当她想告诉我她的想法和意见时，我总是打断她，我一直在命令她。到那一刻我才知道，原来她需要的并不是一个对她严加管教且事必躬亲的母亲，而是一个可以听她诉说心声的闺蜜。这样，她内心的压力和苦闷就都有人倾听了。作为母亲，我本应该去听，但是我一直只顾着讲，也不管她想说什么。

“不过，从那次之后，我尽量鼓励女儿多说，我们的关系也慢慢改善了很多，她也不再和从前一样与我作对了。”

最近，《纽约前锋论坛报》的经济版出现了一则广告，内容是他们正在招聘一位有能力有经验的人。应聘者有很多，其中有位叫查尔斯·古比里的人，他也给报纸的招聘组寄去了应聘的信。几天以后他收到了来自对方的面试通知，随后的几天里，查尔斯就开始大量找这家公司老板的资料。

在应聘现场，他说：“如果我能成为贵公司的一员，能为您效劳，我一定十分荣幸，我真的没法想象，二十八年前，您一个人是怎样运用一个速记本开始创业的。”

差不多每个功成名就的人都喜欢与他人谈论他曾经的奋斗史，这位老板也不例外。他花了很长时间和查尔斯谈论他曾经是如何在只有450美元和一个创业想法的情况下，在别人的冷嘲热讽中坚持和奋斗着。曾经的他每天要工作十六个小时，没有休息时间，没有节假日，而现在华尔街那些生意大佬们都争相与他做生意，他为自己曾经有这样辛酸的奋斗史而感到骄傲和自豪。的确，他有这个资本自豪，他在讲述自己的过去时十分得意。最后，他只花了十分短的时间询问了古比里的经验。随后，他请进来一位下属，对他说："我想，这就是我们需要的员工。"

查尔斯·古比里是个聪明的应聘者，他在面试前花时间了解了公司创始人的过去和经验，然后在面试时谈论此事。这远比让董事长了解自己的经历更能让对方产生好感。可见，鼓励对方多说话，真的可能给对方留下好印象。

来自加利福尼亚州萨克拉门托的罗伊·布莱德雷正好有个相仿的经历，他只是倾听，就让一位适合做推销工作的人同意与自己合作，来担任布莱德雷公司的一项工作。在罗伊·布莱德雷的报告中，他说：

"理查德·普亚尔具有从事这项工作的经验，他首先接触到了我的助理，谈到了这项工作的难度和不利的地方，当他到我办公室的时候，好像有点蔫，我只提到我们公司的一个优势，那就是我们是一个独立的承包商，所以他自己也等于是一个老板。

"当谈到这一方面的时候，他将走进我的办公室前说的每一个不好的想法都否决了。好几次，他在考虑自己的想法时，都有一半是在自言自语。有几次，我偶尔也会附和几句，但等到面谈结束时，他决定加入我们。在我看来，这是他自己说服了自己。只是因为我做了一名好的听众，让他尽情表达了自己内心的想法。于是，他能主控自己的思维，然后衡量事情的利弊得失，最后得出自己的结论。最终，我们雇佣了他，直到现在，我们还在一起工作。”

事实上，不仅是陌生的顾客，即便是我们的朋友，也喜欢谈论自己感兴趣的事，而不是听我们吹嘘自己的成就。法国哲学家罗西法古曾说：“如果你要别人成为你的敌人，那么，你就胜过别人，但如果你希望得到朋友的话，那么，你就要让你的朋友胜过你。”

为什么会这样呢？因为当我们的朋友胜过我们时，他们就能得到一种自重感，反过来，他们就会有自卑感，并对我们产生猜忌和嫉妒。

亨利塔现在已经是纽约市中区人事局最受人欢迎的介绍顾问了，但在此之前，却并不是这样。就在刚刚入职的时候，没有人愿意和她做朋友，为什么呢？因为她特别喜欢吹嘘自己，比如工作中的成绩、她的存款甚至极小的一件事，她都要吹嘘一番。

后来，亨利塔来参加了我的课程，她的想法获得了很大的改变。在谈到自己的改变时，亨利塔分享道：“我认为自己是个工作很不错的人，而且，这是我感到骄傲和自豪的地方，但是我的同事们似乎不愿意我和他们分享这些东西，而且都不愿意跟我相处。我很难过，我渴望他们的友谊。后来，我参加了卡耐基的课程，听取了他的建议，我改变了自己与同事们相处的方式。我从只顾自己说，开始变为多听他们说，因为他们自己也有很多事想要倾诉乃至吹嘘。我鼓励他们多说自己的成就，远比我说自己的事更让他们兴奋。现在，一旦我们聚在一起，我总是鼓励他们说出自己的快乐，分享他们的快乐；而我也只是在他们问我的时候，才谈及自己的事。”

在德国，有一句俗语：“最纯粹的快乐，是从别人的困难中获得的。”的确，即便是那些要好的朋友，恐怕从你的困难中获得的快乐也要比从你的胜利中获得的多得多。所以，无论何时，都不要在他人面前炫耀你的成就，只有始终如一地谦逊待人，才能让别人喜欢你。

事实上，我们也应该谦逊，因为我们没有什么可炫耀的。人生苦短，如白驹过隙。我们不应该总是谈论自己的成就，使自己招人厌烦，而应该鼓励他人说话。

要使别人信服你，就要记住第六大原则：让对方多说话。

如何获得合作

没有人喜欢被人强迫去做某件事，如果你想赢得他人的配合，就要征询人家的意见和想法，让人家自愿产生合作的想法。

从我们自身的角度来看，你对于自己的思想，是否比被人灌输的想法更放心呢？如果是的话，你想象一下，你将自己的思想硬是塞到别人的喉咙里，那岂不是一样的道理。相反，假如你只是提出建议，而让人家自己去得出结论，则显得高明多了。

阿道夫·赛兹是一家汽车展示中心的业务经理。最近，他发现公司的业务员在工作中无精打采、态度散漫、工作效率低，因此，阿道夫觉得有必要提高员工的工作积极性了。于是很快，他将全公司上下的人都召集到一起，然后鼓励大家说出自己对公司的期望，并把这些要求都写在了黑板上。接下来，他说："大家的这些要求、期望我都会努力争取，尽量满足大家，但是大家知道我的期望是什么吗？"然后他提出了自己对员工的要求：忠诚、进取、乐观和团队精神，每天8小时努力工作等。开完这次会议以后，每个业务员都精神百倍、热情高涨，其中还有个人主动向阿道夫请示，希望能把工作时间提高到14个小时……经过一段时间，阿道夫说，公司的业绩确实提升了很多。

后来，在谈到自己的经验时，阿道夫说："其实我是跟我的员工们谈了一笔生意。只要我能兑现自己的诺言，他们也就会实践自己的承诺。我之所以征集他们的期望，就是因为了解怎样做可以满足他们的需求。”

实际上，没有人喜欢被人强迫去做某件事，在购物上也是如此，我们都希望能按照自己的想法去购买，谁都不想被推销。我们喜欢别人尊重我们，征求我们的意愿和需求等。

尤金·威森先生是一名售卖设计草图的销售人员，他为设计师和厂商服务。在过去三年的时间里，他一直在努力做一件事——去拜访纽约最著名的一位服装设计师。几乎每个星期或者每隔一个星期，他都会去努力一次。不过，按照尤金·威森先生的说法：“他倒是没有说不见我，但是他也从不购买我的东西，每次当我把我的草图拿过去给他看的时候，他总是说：‘真抱歉，威森先生，今天我们又谈不成生意了。’”

韦森先生记得，他大概已经拜访过那位设计师150次了。他发现，也许问题是出在自己太中规中矩上。所以，他想先去探索一下人与人之间交往的法则，以帮助自己找到新的突破口。

后来，他果真改变了自己，他不再是恭恭敬敬地把草图呈给设计师，而是若无其事地将草图夹在腋下，然后来见设计师，威森对设计师说：“可否请您帮我一个忙，我手头上有一些还未完成的设计图，您能不能看看后面该怎样完成，以更符合你们的需求？”

设计师还是没有拒绝，不过这次他沉默了一会，然后接过草图看了一会儿说：“把这些草图先放这里吧，过几天你再来找我。”

3天以后，威森又来了，并且，他听了设计师的设计理念后，把那些草图重新拿回工作室进行后续的完成工作。结果呢？设计师最终购买了他的草图，这让维森赚到了1600多美元的佣金，这已经是九个月以前的事了。

后来，在谈到此事时，威森说：“在之前推销的时候，我一直催促他购买的我的东西，但是这样是不对的。后来我鼓励他将自己的想法交给我，让他觉得这些设计都是他的。这样一来，我都不用推销了，因为他会自动向我购买。他帮助我完成设计，这样他购买的就是他自己的设计了，而不是我的。”

西奥多·罗斯福在纽约州当选州长的时候，创造了一项很不寻常的功绩。一方面他和那些政客们保持良好的关系，另外一方面他又将他们非常不喜欢的措施推举出来，那么，他是怎么做到的呢？

原来，一旦有什么重要位置空缺，他就将推选的权利交给那些政客们。在这件事上，罗斯福说：“刚开始，他们会提名一个非常差劲的人，就是那种需要被人‘照拂’的人。这时，我会给出意见，说此人不合适，大众不会赞成。可是接下来，他们还是会给出这样一个党棍的名字，这人是个自求多福的公务员，在工作上毫无建树。于是，我又发表意见，称此人不能达到大众期望，问他们能不能再给出其他的候选人。

“第三次，他们推选的人比前面两位好多了，但还是不够理想。接着，我请求他们再给出一个候选人的名字，此时他们推举的人就令我很满意了。而实际上，在会议开始前，我心里想的就是这个人，此人一直是我所想的最佳人选，我对他们的协助表示感谢，我也把任命的功劳归功于他们，意思是我这样做是为了让他们感到高兴，而现在，该轮到他们来让我高兴了。当然，他们最后真的让我开心了，他们在‘文职法案’和‘特别税法案’等这类全面性的改革方案中支持了我。”

这里，我们要说的是，罗斯福总是很虚心地求教于人，并且尊重他们提出的意见。当罗斯福在对重要的人事进行任免的时候，他也总是会让这些政治领袖们认为，最后被选定的人选，完全是他们自己推选出来的。

我的班上还有一位汽车商人，他也深谙西奥多·罗斯福的这种技巧，并借此将一辆二手汽车卖给了一对苏格兰夫妇。

这位汽车商人带着这对夫妇看了很多辆车，但他们都不满意，要么是这里不满意，要么那里不如意，要么是价格太高，面对这样的窘境，这位汽车商人开始向班级上的其他同学请教。

经验丰富的其他学员给他出了主意——停止推销，然后想办法激起他们的购买欲望。不必告诉客户怎么做，而是让他们告诉你他们想怎么做，这样，他们会认为出主意的人是他们自己。

这位学员给出的建议真的太有效了，过了几天，当有位顾客希望能在他那里用一辆旧车换一辆新车时，他知道，这辆旧车对前几天的那对苏格兰夫妇很有吸引力，于是，汽车商人就给他们打了电话，将他们请了过来。

苏格兰夫妇来了，汽车商人说："看得出来，二位对车很内行，今天请二位过来，是希望二位能帮我看看这部车，试试它的性能，告诉我这辆车应该给出多少的价位算合适。"

听完汽车商人的话，苏格兰男人脸上泛起了笑容，他终于被人尊敬和请教了，他的能力果然得到了赏识。在拿到钥匙后，他将车开上了皇后大道，一直从牙买加区开到佛罗里斯特山，然后才返回，他说："如果你用300元将这辆车买下来，就买对了。"

汽车商人顺势说："如果我能用这个价格将车买下来，你是否愿意花同样的价钱买下它呢？"其实，对于苏格兰客户而言，300元正是他们想给出的价格，所以，最后，这笔生意很顺利地做成了。

医师路易斯在纽约布鲁克林的一家大医院工作。医院最近要重新添置一些医学X光设备，听到这一消息，很多厂家都带着自己的产品来找路易斯，希望他能代表医院采购自己的设备。而这让他很受困扰。

但是，有一个厂家代表的推销手段是特别的，也是高明的，因为他们采用了写信的方式，这封信的内容是：

“我们公司的工厂最近完成一批X光设备，前不久才运到我们这边的仓库来。但是这套设备还存在一些小问题，为了能让我们的产品更完美、以后有更好的销路，所以我恳请您到我们的公司来帮助我们指正，我们知道您工作繁忙，为了不耽误您的宝贵时间，请您随时和我们联络，我们会派车去接您。

“后来，路易斯提到此事时说：‘在接到这封信时，我感到很吃惊，因为我从没有遇到过这样的代表，也没有人问我的意见，他让我看到了自己的重要。那个星期，其实我每天晚上都有重要的事情做，但是我还是取消了一个约会，然后把时间让出来去看了看他们的设备。后来我发现，这套机器其实已经很完美了，我实在很喜欢。他们并没有向我推销机器，但我自己向医院建议拿下了那套设备。’”

爱默生在他的散文《靠自己成功》中说：“在天才的每一项创作和发明中，我们都看到了自己以前摒弃的想法。然而，当我们再次看到这些想法时，却发现它们如此伟大。”

在威尔逊总统执政期间，无论是国际上的，还是国内的事务，威尔逊总统都经常询问爱德华·豪斯上校的意见。

那么，爱德华·豪斯上校究竟有什么秘诀，能如此影响威尔逊总统呢？

关于这一点，爱德华·豪斯上校曾向亚瑟·D.何登·史密斯透露，而亚瑟·D.何登·史密斯又在《星期五晚邮》中刊登了爱德华·豪斯的这番话，这段话的内容是这样的：

“在认识威尔逊总统后，我发现，我如果想改变他的一个看法，最好的方法是将观念自然地建立在他的脑海中，使他能自己想起这个观念。我之所以想到这个办法，完全来自一个意外。那次，我去白宫拜访他，准备提醒他有一个政策需要落实了，我发现，他对这项政策并不是很满意，但意外的是，在大家吃饭的餐桌上，他竟然将我的建议当成自己的想法说出来了。”

那么，此时，爱德华·豪斯有没有当众说：“这是我的想法，并不是你的呢？”当然没有。爱德华·豪斯是一个老练的人，他知道如何选择，他要的只是政策落实，而不在意到底是谁的想法，因此，他没有在公开场合说出来，甚至，更妙的是，他还将这些建议的公开荣誉权巧妙让给了威尔逊总统。

所以，聪明的朋友们，我们都要知道，我们周围的人都有任性的弱点，那么，我们为何不学习爱德华·豪斯上校，运用那样的技巧达成自己的目的呢？

在几年前，我被施展了这个技巧。

那次，我想去新布伦兹维克划船和钓鱼，但是我不知道如何选择营区，所以我给当时的观光局写了信，想得到一些资料。一同寄出去的，还有我的名字、地址等。很快，我就收到了来自很多营区的资料，包括他们的宣传单、小册子等，弄得我头晕眼花，不知道到底怎么选。然而，有一家营区的主人却十分聪明，他将曾经在他们营区游玩过的几位纽约客人的电话号码和姓名给了我，并请我给他们打电话，进而让我自己去挖掘有什么好玩的。

我翻开资料以后，吃惊地发现，在名单上，竟然有一位我的老朋友。我打了电话，对方给了我一些建议，随即，我决定就选择那家营区。在打完电话以后，我立即给这位营地的主人打去了一个电话，通知他我到达那里的时间。

当其他营区的人都想方设法硬性推销自己的营区给我时，这家营区却思维独特，让我自己去探索和发现，自己选择，最终他们胜利了，我不得不佩服他们。

在中国古代，有一个圣人叫老子，他曾经说过一些话，时至今日，当我们细细读来，还觉得颇有益处：江河湖海之所以能成为百谷之王，是因为懂得身处低下；帝王想领导人民，就必须谦恭为人，若想引导人们，必须跟随其后；也就是说，圣人虽在上但人民不感到负担沉重，虽在前但民众不觉得自己的利益受害。[1]

---

[1] 出自老子《道德经》第66章：“江海之所以能为百谷王者，以其善下之，故能为百谷王。是以圣人欲上民必以言下之，欲先民必以身后之。是以圣人处上而民不重，处前而民不害。”

所以，如果你想使人信服的话，就要谨记第七大原则：让别人感觉那是他的思想。

试着了解别人，从对方的角度看事情

在我们的生活中，你可能遇到过这样的情形：在与人交谈的过程中，你发现对方不对，甚至完全是错的。此时，千万不要指责他人，因为只有愚蠢的人才会这样做，你应该先去了解他。而一般来说，只有那些宽容、大度并且聪明的人才能做到这一点。

你可曾想过，对方为什么会有那样的思想和行为呢？其实仔细想想，这是有一定原因的，而有些原因是隐藏的。需要你仔细探究。如果你能找出来，你就找到了了解他人行动乃至人格的钥匙。要做到这一点，你第一步要做的就是从他人的角度考虑问题。

假如你能与自己这样对话："假如当时我也在那样的困境下，我会有什么感受呢？我会是什么反应呢？"这样想，你就省去了很多时间与困扰，你也能学习到一些处理人际关系的技巧。

在肯尼斯·古迪的著作《如何使人们变为黄金》中有这

样一段话："暂停一分钟，将你认为自己感兴趣的事和其他你并不关心的事做个比较，你就会发现，其他人的态度和你的一样。除了监狱警以外的工作，你已经掌握了从事任何工作所需要的唯一坚固的基础，在与人打交道中你是否是个成功者，完全看你是不是能将心比心，以同样的心理接受别人的观点。"

在我的班级中，有个来自纽约州汉普斯特市叫山姆·道格拉斯的人。在来我的培训班以前，他一度认为他的太太为修剪家里的草坪浪费了太多时间。他的太太喜欢剪草坪。一周剪两次。然而即便如此，草坪还是和他们刚搬进来的时候差不多，也不见得有多好看。他将这些想法全部告诉了他的太太，他的太太自然不是很高兴。因此，每次提到这件事时，二人就不欢而散。

但在参加了课程训练后，道格拉斯先生的态度发生了很大的变化。他意识到自己过去是多么愚蠢，他没有想到的是，在他的太太看来，修剪草坪是一件其乐无穷的事，而且，她是多么希望有人能对她的勤劳夸赞几句。

这天晚饭后，还是和从前一样，他的太太又要去除草，并且希望他也能和自己一起去。一开始他明确拒绝了，但是顿了顿，他突然想到最近在课程上学的内容，于是，他跟着太太走进了花园，然后开始一起除草。有丈夫和自己一起除草，她很开心，两个人一起工作了一个多小时，而且一边干活，一边聊天，心情十分愉悦。

他发现了陪妻子除草的乐趣。自此，他经常帮妻子整理家里的花园，并且不时地赞扬她，说她勤劳能干，把花圃整理得十分好看，也把地面弄得十分平坦。结果，两个人都十分开心，因为他懂得了从妻子的角度看问题，并学会了认同和赞扬她。

吉拉德·黎仁柏在他的《打入别人的心》中说：“只有当你表现出你认为别人的观念和感觉与你自己的观念和感觉同等重要时，沟通才会气氛和谐。在开始谈话前，你要尽量让对方提出谈话的方向和目的，假如对方在说，你在听，你要明确自己的倾听目的，了解自己想要知道什么内容，并以此为初衷管住自己的嘴巴；如果你在说，而对方在听，你要表示你能容纳对方的观点，这才能鼓励他打开心扉，也能让他愿意接纳你的观点。”

很多年前，我就有个习惯，我喜欢到离家不远的公园散步、骑马，这对于我来说是一件乐事。在公园中，我发现了很多橡树，我很喜欢它们，就像那些古时高尔的传教士那样热爱。所以后来，每当我看到那些小树和灌木被人烧坏时，我就感到十分痛心。这些树其实并不是那些吸烟者点烟所烧毁的，而是那些到公园中玩耍和野炊的孩子毁坏的。在火大的时候，我们根本无法扑灭，需要借用消防队员的灭火器。

其实，在公园的边上，是有一块布告牌的，上面也写了禁火的内容——凡引火者必受罚款及拘禁。但这块布告牌放置的地方太偏僻了，几乎没有儿童能看见它。管理这个公园的警察也是个不负责任的人，即便他经常在这片公园里巡逻，火势还是在蔓延。有一次，我十分着急地跑到警察那边，告诉他公园的另外一边已经起了大火而且火势还在蔓延，需要他通知消防队来灭火。但他却十分冷漠地告诉我那不是他的事，已经超过了他的管辖氛围。我当时又气又急。从那个时候起，只要我骑马去那个公园，我就主动承担起保护公共地方的义务。

刚开始的时候，我并没有从儿童的角度来考虑这件事，只要我看到公园里起火我就十分生气，也就着急想做点事来阻止他们。我对他们发出警告，还大声说话，让他们赶紧把火扑灭。一旦他们拒绝，我就威胁他们要把这件事告诉警察。我只是一味地在表达自己的情绪，但这样做并未起到什么作用。

虽然他们遵从了我的话，但却是十分不情愿。所以，每次当我一离开，他们就又生火，而且比从前更肆无忌惮，简直恨不得将整个公园烧毁。

后来，我学习了一些关于人际关系的技巧，于是，我了解到以前的做法是错误的，我再到那片公园去的时候，已经不再向他们发号施令了。而是会轻轻地走到他们面前，然后对他们说："孩子们，是不是玩得很开心啊？你们在做什么好吃的呢？在我和你们一样大的时候，我也喜欢生火做野餐，即使现在也喜欢，但是你们知道吗？在这片公园里生火是很危险的，我知道你们也不是故意的，你们也会小心的，但是其他孩子万一不小心呢？他们看到你们在这边生火，也会效仿你们，即使他们已经回家了，也有可能忘记扑灭火苗，那样，公园里的干草和树叶就会被点燃，进而引发大火，这里就会被烧成灰烬，以后你们就没有嬉戏玩耍的地方了。再说，你们还会被拘捕入狱。我不干涉你们快乐，我也希望能和你们一样快乐，但是还是需要你们在生火时把周围的树叶扫开，在你们回家的时候，把那些火扑灭，并盖上土。下次你们生火时，也可以到那边的沙滩上去，好吗？那里就不会有危险了。祝你们快乐，我亲爱的孩子们。”

果然，我换了一种说法就奏效了，这些孩子很乐意跟我合作，没有反感和怨恨，更没有强制命令。我让孩子们保全了面子，他们开心，我也开心。因为在处理这件事的时候，我考虑了孩子们的感受。

可见，当问题变得十分严重的时候，站在对方的角度看问题，可以缓解紧张的气氛。

这一点，来自澳大利亚新南威尔士的伊丽莎白·诺瓦克深有体会。

一次，她分期付款的车钱已经逾期六周了，但是还没有缴清欠款。当时负责收款的一位男士给她打电话说，如果下周一早上还不缴纳122元钱的话，他的公司就会采取进一步的行动了。但是伊丽莎白周末不可能有这笔钱，所以周一早上她接到电话的时候，听到的电话那头的语气自然就不怎么好了。即便如此，她也没有发脾气。

在培训课的报告中，她说："我是从他的角度来看待这件事的。我向他真诚地道歉，因为拖欠交款给他带来了很多麻烦。我说我恐怕是他见过的最令人头痛的顾客了，听到我这样说，他的态度立即变得缓和多了，还说我并不是最令他头痛的顾客，比我的情况糟糕的顾客多多了，明明是他们的错，但他们要么满口谎话，要么直接连电话都不接，登门的话还躲着不见，根本就拿他们没办法。他在向我倾诉内心的烦恼，然后，在谈话快结束时，我自己还没提，他自己说，就算我没有立即付清欠款也没有关系，只要能在月底前付20元，剩下的下次再付就行了。"

所以，从今天开始，无论你希望别人做什么，比如，熄火、请求他购买你的产品，抑或是请求他为红十字会捐出几十元，在此之前。你何不暂停一下，然后闭上眼睛，试着站在别人的角度，问问自己他为什么要这样做。也许这需要你花费一分钟甚至更长的时间，但这能让你减少很多做无用功的时间，且能减少很多人际之间的冲突和矛盾，能让你更容易达成自己的目的。

哈佛商学院的唐哈姆院长曾说：“当我要去见一个人，和他谈一些事时，我在敲开他办公室的门之前，会先在走廊外面来回走一会儿。我不喜欢冒冒失失地去见别人，以至于头脑中没有清晰的概念，也不知道该说什么，更不知道根据我对他的兴趣以及动机的认识来判断他大概会做出怎样的回答。”

假如你读完整本书，你只得到了一个道理——永远按照对方的观点去想，从他人的立场去考虑一件事，就好像那是你自己的立场一样。那么，我想这大概不难成为影响你终生事业的一个关键要素。

要想被人信服，你就应该遵循第八大原则：善于从对方的角度去看待事情。

谁都渴望被同情

在人们产生狂暴的情绪时，如果能有“同情”的情感出现，将会明显缓和这种情绪。在我们遇到的所有人中，至少有四分之三的人渴望得到同情，如果我们能满足人们的这一情感，就会获得更多的友谊和好感。

可能有人会问，是否有这样一句神奇的话语，它能让人们停止辩论，消除他人的厌烦情绪，并给对方一个良好的印象，让对方能集中注意力倾听？事实上，的确有这样一句话。那么，你是否急切地希望知道这句神奇的话语是什么呢？

这句话就是：“我一点也不奇怪你有这样的感觉，如果我是你，我跟你的感觉一样。”

面对这样一句话，即便是那些老奸巨猾、脾气暴躁的老顽固，也会完全“败下阵来”，因为假如你也是对方的话，你也会有同他一样的感觉。

当然，你在说这句话的时候，要表现出百分之百的诚意，因为你只有真的表现的就是那个人的时候，你才能真正感受到他的感受。下面，我们来举个例子吧。

比如，如果你不是一条响尾蛇，那么唯一的原因就是你的父母也不是响尾蛇。你不与牛接吻，不以蛇为神，只有一个原因，因为你的出生地不是布拉马普特拉河岸的一个印度家庭。

你之所以是现在的你，其实并没有什么可骄傲的。你要明白，那些在你生活里出现的固执、冲动和容易暴躁的人，他们之所以如此，其实他们也没有很大的过错。你要对他们表示同情和怜悯。你应该像高约翰那样，当看见走路东倒西歪的醉汉时，说：“如果不是上帝怜悯我，我也会走在那边的。”

有一次，我在电视台录节目，我提到了路易莎·梅·奥尔科特，她是《小妇人》的作者。当然，我知道这是一部不朽的作品，也知道她出生在马萨诸塞州的康考德。但是我忽视了这点，我在播音中说我到过新罕布什尔州的康考德，也去拜访过她的老家。

在说这话的时候，假如我只提到新罕布什尔州一次倒是可以原谅，但谁知道我竟然说了两次。一时间，寄到我办公室的信就如鹅毛般了，一些信是侮辱我的，一些是愤怒的。一位生在马萨诸塞州的康考德的老太太对我发泄了她强烈的不满。我想，即便我把她形容为来自纽格尼的食人者也不过分。在读那些信时，我嘴里还嘟囔着："感谢上帝，我没有娶那样的女子。"我觉得我应该给她回信，让她明白虽然我只是在地理上犯了一个知识性的错误，但她确实也在礼仪上欠缺周到。

刚开始，我是准备这样写的，我要告诉她我真实的想法，但转念一想，我不能那样做，我要克制住我自己。我知道，任何一个被愤怒冲昏头脑的傻子都会那样做的。

我当然不能成为傻子，所以我不能那样做，我要把她对我的敌视变成友好。这对于我来说是一件难度不小的事，所以我要动动脑子。我告诉自己："如果我站在她的角度，大概会有和她一样的感觉。"所以我决定同情她的观点。第二次当我达到费城的时候，我给她打了一个电话，电话内容是这样的：

"夫人，您好，就在几个星期前，您给我写过一封信，为此我要谢谢您。"

“请问你是谁？”她用非常文雅的语调问。

“对您来说，我是一个陌生人，我的名字是戴尔·卡耐基。就在几个星期以前，我在我的播音节目中提到了路易莎，我知道，我犯了个很大的错误——我说她曾住在新罕布什尔州康考德，您在听到这个节目后，在百忙之中还写信给我，使我认识到了自己的错误，谢谢您。”

“哦，我想起来了。对于那件事我很抱歉，卡耐基先生，我给你写了那封信，但是我发了脾气。我必须为此道歉。”

“不，道歉的应该是我，任何一个有地理常识的人都不会犯这样的错，在一个星期后的播音节目中我道过歉，现在我还要亲口向您承认错误。”

“我的出生地是马萨诸塞州的康考德，两百年以来，我的家族在当地都是十分有名望的，我也为自己的家乡感到自豪，而当我听到你在录音节目中说我的出生地是新罕布什尔州时，我感到十分难过，也十分气愤，但对于我写的那封信，我确实感到很抱歉。”

“我想对您说，您的难过不及我的十分之一。我的错误对于您的家乡马萨诸塞州倒是无害，但是却伤害了您。我怎么能犯这样的错呢？像您这样有声望和地位的人，能在忙碌的工作中抽出时间来写信给一个在无线电上播音的人，实在是我的荣幸。以后如果您发现在我的演讲中还有错误的话，希望您能再写信指正我。”

“说实话，你这种虚心接受别人批评的态度，我实在很喜欢，我认为你肯定是个很好的人，我愿意和你交个朋友。”

因为我向她道歉，表达了对她的观点的同情，所以也换得了她的道歉和同情，通过这次事情，我学会了控制自己的脾气，也学会了友善对待别人的愤怒和羞辱，这是一种财富。想象一下，面对这位夫人的怒气，如果我也发脾气，叫她滚，那么到最后指不定闹出什么更大的悲剧来。

不得不说，每一届入主白宫的人，每天都要为如何与人打交道而苦恼。我们的塔夫脱总统也是如此。他认为，在平息狂暴情绪这一点上，同情具有很大的作用，在他的《服务的道德》一书中，他举出了一个例子，这一案例说的是他是如何平息一位母亲的怒气的。事情是这样的：

“我曾遇到一位妇人，她确实让我很头疼。她的丈夫在政界颇有威力。她曾与我周旋了长达六个星期的时间，为的是让我给她的儿子安排一个职位。并且，她还获得了多数参议员的支持，他们一起来到我的办公室，希望我能答应他们。然而，我十分明白的一点是，我是不可能给她的儿子安排这一职位的，因为这个职位需要的是特殊的技术资格，并且，该部部长已经有候选人了。在妇人败兴而归后的几个星期，我就接到了她的来信，信件大致内容是我忘恩负义，因为我竟然会拒绝一个望子成龙的母亲的要求，也使她失去了快乐。在她看来，我为她办件事实在是十分容易的。因为她为了让我答应她，和她的州代表们十分努力地为我所重视的一个行政议案争取到了所有的选票，而我就是这样回报她的。所以，她一直在抱怨。

“我在内心这样分析这件事：在你收到这样一封信时，你要做的第一件事就是正视这样一个不礼貌和唐突的人。你可以现在就给他写信，但是如果你是个睿智的人，那么，你最好将这些信先收到抽屉里并锁起来，这样的信件，还是要等两天再回复好。两天后，当你再拿出信时，你就会理智很多，也就不会冲动行事，而我正是那样做的。

“然后，我尽量平息自己内心的情绪，然后给她写了一封客气的信，并表达了我对她的心情的理解——任何母亲在被这样拒绝后都会感到生气和失望，然而，她所希望我为她做的事情确实办不到，因为那样的委任不是我能做主的，我必须选择一个有技术资格的人，所以只能遵从部长的举荐。我还表达了我对她儿子的希望：希望她的儿子能成为她所希望的那样——比她的丈夫还出色。这样一封信，似乎真的使她平息了怒气。后来，她给我写了封信，表达了她对此前行为的歉意。

“再到后来，事情的发展并不和我事先预期的一样，因为委任的事情一直并未确定下来。隔了些日子，我又收到了一封信，信是她的丈夫寄来的，但我看得出来，字迹与之前的信相同。信的内容是，因为对委任结果的失望，她病了，变得神经衰弱、无法起床、胃痛，并深切地恳请我能不能把委任的人换做她的儿子，只有这样，她才能重获健康。我想，我很有必要给她回一封信，当然，收件人要写上她丈夫的名字。我说希望医生的诊断有误，也表达了他因太太生病而产生的忧虑的同情。但对于将候选人的名字换成他的儿子，这一点我真的办不到，那个候选人也即将要上任了。其实，我知道这位妇人在装病，后来我更是确信了这一点。在我接到这封信后的两天，我们在白宫举行了一场音乐会，最先到达音乐会并且向我和夫人问候的就是这对夫妇，她的身体痊愈得也未免太快了。

在俄克拉荷马州图萨市的一家电梯公司，有个业务员叫杰依·满古，他也曾是我们班上的学员。他有这样一次经历：

他所在的公司和图萨市的一家最好的旅馆有合约，所以，这家旅馆的电梯需要这家公司来维修。为了保证维修工作不给旅馆客人带来麻烦，在维修的时候，旅馆经理要求每次电梯只能停止运行2小时，但是维修至少需要8小时的时间，而在旅馆便于停下电梯的时候，他的公司也不一定能派出技工。

后来，一旦杰依·满古可以派出一名技工的时候，他立即给旅馆经理打电话，他并没有和这位经理争论，而是说：“我知道，瑞克，你们的业务很忙，来旅馆的人有很多，所以你要尽量减少电梯不能运行的时间，我很理解这点，所以我也会尽量配合你的要求。不过，我们的技术人员在检查了你的电梯后，发现如果我们不将电梯彻底修好的话，电梯将会出现更严重的损害，到时电梯需要停开更久。我认为您也不会想让客户耽误更多的时间吧。”

在这样的情况下，经理不得不同意他的方案。他之所以爽快地答应杰依·满古的办法，是因为杰依·满古肯定了他想要不耽误客户们时间的愿望。

杰西·诺睿斯是一名钢琴教师，她曾在班上讲述了她是怎样处理和课上一个十几岁的女孩子之间的问题。这个女孩名叫贝贝蒂，她留着很长的指甲，而这无疑是对弹钢琴的最大妨碍。

在课程报告中，诺睿斯太太说：“我知道要开始钢琴课，我就必须要说服她剪掉长指甲，所以上课前我跟她进行了一番谈话。刚开始，我根本不提指甲的问题，因为如果一味地训斥，会打击她弹琴的兴趣。我也知道，她肯定是留了很久才有那么长且好看的指甲。

“第一堂课结束后，我觉得是时机和她谈谈这个事了，我告诉她，她的手十分好看，指甲也是，但是假如她想要将钢琴也弹得出色的话，就要试着修剪一下她的长指甲，我对她说：‘只要你这样做了，你会发现，弹钢琴也是如此容易，你认真考虑下，好吗？’

“我说完这番话后，她对我做了个鬼脸，意思是她不可能这么做。

“我将这事告诉了她的母亲，她的母亲表示她有这样的反应很正常。

“然后，就是第二个星期的钢琴课了。来到课堂上，我惊喜地发现，贝贝蒂竟然剪指甲了，我立即赞扬她对弹钢琴做出的努力和牺牲。事后，我给她的母亲打了个电话，为她为贝贝蒂做的思想工作而感谢她。没想到，她说：‘哦，不，我什么都没做，是她自己决定的，她第一次为别人修短了自己的指甲。’”

这里，钢琴教师杰西·诺睿斯太太在希望贝贝蒂为弹钢琴剪短指甲这件事上，既没有怒斥贝贝蒂，也没有威胁贝贝蒂。相反，她告诉贝贝蒂，她的指甲很美，并告诉她，剪短指甲对于她来说是个很大的牺牲，她只是在向贝贝蒂传达一个信息——我很同情你，修短指甲对于你来说也很难，但做出这样的牺牲对你日后在钢琴上的收获和突破大有帮助。

因此，她做到了看起来难以实现的目标——让贝贝蒂剪指甲，且没有引发冲突。从另一个事例中，我们也可以看出同情的力量。

在我看来，美国历史上最佳的音乐经纪人之一应该是沙尔·胡洛克先生，他曾与世界上那些著名的艺术家打了差不多

22年的交道，比如邓肯、伊莎多拉、夏里亚宾等。后来，在我和胡洛克先生的一次交谈中，他告诉我，他在与这些性情古怪的艺术家们相处的过程中，得出来的一个经验就是同情，因为他们那些古怪的脾气确实又可气又可笑。

夏里亚宾可以说是能让坐在美国的首都大戏院的观众动容的一位最伟大的低音歌唱家，在某段时间内——大概是三年间，胡洛克先生都是夏里亚宾音乐会的经纪人。但夏里亚宾的脾气确实很糟糕，就像个被宠坏的孩子一样。

一次，在夏里亚宾即将登台演唱的那天中午，他却给胡洛克先生打来一个电话："沙尔，我觉得自己现在很不舒服，我的喉咙肯定是破了，晚上我不能唱了。"此时，胡洛克先生该怎么做呢？和他争辩吗？他当然不能那么做。他知道一个艺术经理人该怎样行事，所以，他放下电话立即就去了夏里亚宾所在的酒店。一见面，他就表示出自己的同情："多么不幸，我可怜的朋友，我想，你肯定是不能唱了，我马上替你取消这场演唱会，只不过是两三千元钱而已，那与你的名誉相比，实在不值一提。"

此时，夏里亚宾说："要不下午五点钟你再来吧，我看看那个时候会不会好一点。"

下午五点的时候，胡洛克先生准时又来酒店了，他再次对夏里亚宾表示同情。然而夏里亚宾又说要取消约定："好吧，你晚一点再来，到那时候也许我会好一点。”

晚上七点半的时候，这位伟大的低音歌唱家终于答应登台了，但却向胡洛克先生提出了一个条件——胡洛克先生需要自己登台告知观众们夏里亚宾因为患严重感冒嗓子不好。胡洛克先生当然要答应夏里亚宾，因为这是他能让这位歌唱家登台的唯一办法了。

亚瑟·盖茨博士在他的书籍《教育心理学》中写道：“追求同情是人类普遍的心理。儿童迫切地向成人显示他受到的伤害，甚至会选择故意受伤，以获得大量的同情。同样，成人也是如此，他们会向他人陈述自己曾经的意外、疾病，特别是动手术的详情。他们为那些真实的或者他们想象出来的痛苦感到‘自怜’，实际上，这大概是人类的一种共同习惯。”

所以，如果你希望别人信服你，你就应该遵循第九大规则：同情他人的愿望和想法。

要改变别人，就要挑起对方的高尚动机

我从小是在密苏里州的农场长大的，那一片是大盗杰西·詹姆士活动的区域。我曾经还去他的故乡基尼拜访过他，当时他的儿子詹姆士还在农场。

杰西儿子的太太接待了我。在聊天中，她讲述了一些从前关于杰西的故事，包括他是怎么抢火车和银行，然后把钱送给附近的农夫，让他们偿还抵押贷款。

我想，杰西·詹姆士大概也是把自己当成了英雄，这与“双枪杀手”克劳雷是一样的。除此之外，后来许多有组织的罪犯像“教父”等一样，都把自己看成是劫富济贫的英雄、理想者。我们可以这样认为，我们每天遇到的大部分人都尊重自己，都认为自己是善良不自私的人。

J.P.摩根在他的那本分析性的著作中说：“每个人的行为都有两个理由：一个是看起来很好，一个是确实很好。”

当然，我们无须强调的是，任何一个行为的主人都会认为自己是真的很好。我们的内心已经习惯了把自己理想化，也都喜欢为自己的行为寻找一种良好的解释。因此，假如你想改变的一个人，你就要学会给他的行为寻找一种高尚的动机。我们可以看看汉密尔顿·法里尔的例子：

汉密尔顿·法里尔是房东，他遇到了一个几乎是胡搅蛮缠的房客。这位房客对房子很不满意并且威胁要搬家，但是按照合同，房子还有四个月才到期，每个月的房租是十五美元，但即便如此，他还是通知法里尔先生自己必须要搬走了。

法里尔先生这样说：“这些人就喜欢冬天住在这里，要知道，在一年内，这是让我花钱最多的季节，而且，秋天之前是租房的淡季，我现在都能感觉到我的口袋被掏空了。

“假如是在从前，我一定把那个令人讨厌的房客骂一顿，并且我会当着他的面把我们签订的租约再读一遍，告诉他，如果他现在就要搬的话，那么，剩下的租金他还是必须要一次性交清，按照租约的约束作用，我完全可以这么做。

“但我却并没有这么做。我只是告诉他：‘杜先生，我听其他人说你要从这里搬出去，但是我还是不相信您真的会这么做。我出租房屋这么多年，阅人还是有些经验的，我一看您就不是那种出尔反尔的人。我敢打赌，您不是那样的人。’

“接着，我继续说：‘事实上，我有个建议，我认为您可以再考虑几天，假如一个月以后，您还是坚持要搬家的话，那么，我当然会尊重您的决定，我们毕竟是人不是猴子——决定权完全在我们自己。’

“到了第二个月，这位房客居然亲自来见我，并且主动付了房租，他说他和太太商量了下，决定还是留下来。我知道，他们现在认为，最为光荣的事就是最起码也应该等到租约满了为止。”

现在已经去世的诺德·诺斯克利夫爵士在读报的时候发现这家报纸居然登了一幅他不愿意公开发表的照片，于是他决定写一封信给这家报纸的编辑主任，但是他并不是直接地说："不要再刊登那幅照片了，因为我不喜欢。"而是这样写的："请别再刊登那幅照片了，因为我的母亲不喜欢。"而这句话恰恰激发了人类最高尚的动机之一——尊敬母性的观念。

小洛克菲勒先生，也就是约翰·洛克菲勒其实也深谙此诀窍。他很不喜欢那些摄影记者总是拍摄他孩子的照片，于是，为了终止他们的这一行为，他便激发人人都有保护孩子，不愿意孩子受到伤害的高尚动机。从这点出发，他告诉记者："我们都为人父母，大家肯定了解我的感受。我们也都知道，对于小孩子来说，太过出风头未必合适。"

我们都知道的《星期六晚邮》和《妇女家庭月刊》的创办者叫塞勒斯·柯蒂斯。其实他曾经是一个一无所有的穷人，但他有着超人的聪明才智和奋斗的意志力，最终他成为了富翁。

在他刚开始创业时，他根本没钱支付那些畅销作家的稿费，但是有个方法可以让这些作家为他撰稿，那就是这里我们说的激发他们高尚的动机。比如，当时的畅销书《小妇人》的作者奥尔科特小姐，那时风头正盛，而他只不过用了一百美元的支票，就请奥尔科特小姐撰稿。当然，这支票并不是给她本人的，而是捐给了她心爱的一项慈善事业。

谈到这里，可能有人会说，前面你谈到的几个案例也许有用，但是假如面对的是那些欠了你账的粗鲁家伙呢，你又怎么跟他们较量？

当然，任何一件事都不可能做到放之四海而皆准，总是会出现一些例外。假如你已经有一套适用的办法了，那么，又何必更改呢？如果无效，又为什么不现在试试看呢？

但不管怎样，接下来我要说的这个故事你一定感兴趣。这个故事是我以前的学员詹姆士·托马斯告诉我的：

有家汽车公司遇到了这样的麻烦：一天，有6位顾客来找他们进行汽车的维修，但当维修人员结束汽车维修后，这6位顾客却拒绝付款，他们的理由是这家汽车公司的某些收费项目很不合理。而公司代表则认为在维修结束后这6位顾客已经签名了，所以他们也不认为自己有什么不对。所以，这家汽车公司的信用部要求这6位顾客还款。你认为他们会成功吗？具体的催款程序被总结为四点：

（1）他们亲自去拜访了这6位顾客，并且直截了当地说自己是来催款的。

（2）他们很清楚地表明了自己公司的立场——我们没错。也就是说，错的是顾客。

（3）他们称自己对汽车的了解比顾客多，所以无须争论了。

（4）结果就是一场争辩上演了。

我们来想想，这一方法会让顾客心甘情愿、痛痛快快地还钱吗？当然不会。事情发展到后来，这家公司信用部的经理差点撸袖子要与顾客大拼一场，幸亏当时公司总经理出现，及时制止了这场恶斗。然后他亲自对此事进行调查。他发现，这几位不愿还款的顾客在平时的信用都很高，一向按时还款。所以，一定是其他什么地方有问题——也许是催讨的方法不对。于是，这位经理叫来了詹姆士·托马斯，他希望托马斯能帮助自己要回那笔"没有可能要回的"欠款。

接下来是托马斯讲述的他催款的步骤：

（1）我去拜访了这6位客户，我实际的目的当然是去催收欠款，我也相信那些账单没有错误。但是我不可能直接对他们这样说。我只是说自己是来调查的，想知道我们公司的信用部是怎么做的，做错了什么。

（2）我说的很清楚，除了听顾客表达自己的想法外，我不会发表自己的意见。我还说，我们公司并没有宣称自己绝对无误。

（3）我对顾客说，我最关心的是他的汽车，而任何人都不比他们自身对自己的汽车更了解。

（4）我鼓励顾客说话，而我则带着同情和关心的态度去听，我想，这大概是顾客最期待的。

（5）等顾客平息怒气后，我用最公正的态度对此事进行了个了结。"首先，请允许我向您道歉，因为在这件事的处理上，我们公司的职员做的确实不恰当，给您的生活带来了极大的不便，真的很抱歉。另外，听了您的叙述，我发现您是一个正直而富有耐心的人，所以我恳请您帮个忙，我想对于这件事再也没有人比您更清楚了，这是您的账单，我知道我自己有权可以更正它，但现在我还是把它交给您，希望您能全权处理，不论最后您的决定是什么。”

那么，最后这位顾客修改了账单吗？当然，而且还减少了不少，这笔账单的金额范围是150~400美元，那么，最低限额这位顾客付了吗？当然。他不为那些来历不明的费用多给一毛钱，但是，其余的5位顾客则尽可能地多付了钱，公司并没有在此事中吃亏。

不可思议的是，在接下来的两年内，他们公司又卖了6辆汽车给这6位顾客。

“多年的经验告诉我一点，如果你没有确切的资料证明你的顾客是不诚实的，那么，你首先要相信他是诚实的，也是愿意付清账单的，说白了就是，人们都很诚实，但希望能够推卸掉自己的责任。当然，我们承认有例外的情况，但这样的情况很少。而且，我认为，即便是那些有欺诈倾向的顾客，如果你发自内心地认为他们能做到正直、诚实和光明的话，他们也会用善良来回报你。”

所以，如果你想获得他人的信服，那么，你需要记住第十大规则：诉诸高尚的动机。

戏剧性地表达你的想法

在陈述事实的过程中，平铺直叙是不够的，也未必能恰当地表明我们的目的，此时，我们可以运用生动有趣且戏剧化的方式表达想法，从而更好地吸引人们的注意。

几年前，美国的《费城晚报》曾遇到过这样一件事：某段时间内，有人告诉订阅者说，这份报纸刊登的广告太多，新闻却太少，对于读者来说，已经没有多少可读性。无疑，这样的恶意攻击对任何刊物来说都是一种打击，所以，谣言必须立刻被消除。那么，该怎样做呢？

晚报负责人是这样做的：工作人员将报纸的普通版一天刊登的各种阅读材料剪下来，分门别类，然后出版成一册叫《一日》的书，全书共307页——这本书的内容和一本2美元的书一样多，而晚报在一天之内将这些新闻及副刊资料全部印刷和发行出去，并且价格只有2美分。

《费城晚报》这样做，是戏剧化了一个事实：晚报曾刊登过大量有意义的内容。相对于辩解、数据说明等，这一做法明显更有说服力，也更能表现事实，所以给读者们留下了深刻的印象。

我们生活的这个年代，何尝又不是戏剧化的呢？很多时候，仅用语言未必能恰当地表明我们的目的，此时，我们可以运用表演的艺术来使之更加生动、有趣和戏剧化。现在的电影、电视剧、小说都使用这样的表现手法，我们也必须要这样做才行。

橱窗专家们就懂得运用这一艺术，比如，为了提高新的老鼠药品的销售量，制造商们在陈设的橱窗中放上两只老鼠，在陈设的两个星期中，这一产品的销量比平时多了五倍。

在我们的电视广告中，随时能看到运用戏剧化技巧来促销产品的例子。我们在看电视时可以好好分析下，看看这一技巧是怎样很好地被运用的。比如，你可以看到一种解酸剂在试管中把酸的颜色改变的整个过程，以展示某个品牌的洗衣粉或者肥皂是如何去污去垢的，而另外一种牌子的产品却没有这个效果；某汽车广告中，一辆汽车飞速奔驰，表现得比想象中还要好；所有的这些广告都是为了将产品的卖点戏剧化地展现出来，从而激发观众的购买欲。

无论是经商，还是生活，你都可以运用戏剧化的技巧，这不难。在弗吉尼亚州瑞启蒙市推销国家收银机的吉姆·叶曼斯讲述了他是如何运用这种方式达到戏剧化的促销目的的。

“就在上周，我去了附近的一家杂货店，当时，我看到这家店还在用非常古老且破旧的收银机，我顿了顿，然后走到老板面前对他说：‘每次当有顾客从你的柜台面前走过时，实际上就是将钱丢出去了。’在说话时，我同时将一枚硬币丢在地上，此时，老板听到硬币掉在地上的声音，也停下了手中的活计，这是一个好的开始，我后来从他那得到了将所有旧机器更换成新机器的生意。”

其实，戏剧化的情景不只出现在商业活动中，也出现在我们的家庭生活中。以前，男人们在向自己心爱的人求婚时，会单膝下跪，为了表示自己是真诚的。现在，我们看不到那么多的求婚场景了，但是很多男人求婚之前，还是会努力营造出浪漫的氛围。

在家庭教育中，也可以使用戏剧化的方法。在亚拉巴马州伯明翰市的乔·方特总是对于如何让自己的5岁的儿子和3岁的女儿将玩具收纳整齐而感到十分头痛，但后来，他找到了一个很好的方法。

他为孩子们发明了一列“火车”，儿子是司机，骑着他的三轮车，而女儿的篷车连接在三轮车后面，晚上，当哥哥骑车在卧室周围绕行的时候，妹妹也将所有的玩具（他们把它们当作“煤”）都装车，然后，妹妹也钻进去，就这样，原本乱糟糟的房间在两个孩子的“折腾”下，反而变得整洁了。所以说，解决这一问题根本不需要训斥、打骂和威胁。

我的一位学员叫玛丽·伍尔夫，她来自印第安纳州，她在工作中遇到的一些问题也是运用这一方法解决的。

那段时间，她遇到了些难题，需要和老板谈谈。周一早上，她告诉老板他们需要谈谈，但是老板说他很忙，要是想谈的话需要先和秘书预约下，看看能不能把见面时间安排在星期四或者星期五。但是秘书说老板最近的行程表都是满的，不过她会想办法将这件事穿插进去。

玛丽·伍尔夫谈到自己的那段经历："那一个星期，我根本没接到秘书的电话，而我打电话过去问的时候，她总是能找到老板不能见我的理由，这件事一直拖到了星期五的早上，而我的问题必须要在周六之前解决，所以我必须要见到老板，那么，怎样才能见到呢？

"最后我灵机一动，想到了办法。我赶紧给他写了封正式的信函，在信中，我表示了自己对他每天都很忙的理解，但是约见的事也十分重要，在信封中，我还做了一张表和一个写上了自己名字的信封，请求他或者秘书将这张表填好，然后再寄给我。这张表的内容是这样的：

"伍尔夫小姐：

"我将于×月×日×分抽出时间和你面谈。

"这封信我是上午11点放到老板的公文信箱里的，而到下午2点的时候，我竟然就收到了署我自己名的信封，而且是老板亲自写的，他说下午就有时间，并且给了我10分钟的谈话时间。在这件事上，如果我没有进行戏剧性的一番操作，那么，想必现在我还在傻傻地等着秘书的通知呢。”

在《美国周刊》工作的詹姆斯·波恩顿先生要做一个长篇的市场报告。最近，他要与一位顾客——来自一家著名的润肤品牌的负责人接洽。波恩顿要为他们做一个详细的市场研究。可惜的是，他第一次去的时候失败了。

“第一次去的时候，我觉得自己的方法确实错了，我一直在说一些无用的资料和调查方法。我说，他也说；他总在说我错了，而我总是努力证明自己是对的。我们俩甚至大声吵嚷起来。当然，最后还是我胜利了，我倒是十分高兴，但可惜的是，我们会谈的时间到了。很显然，我并没有获得什么效果。”

波恩顿先生接着说：“第二次我去的时候，再没有把精力浪费到那些数字、表格和资料的陈述上了，我直接向他演示了我想说的事实。当我敲开门进去的时候，他正在接电话。在他通话结束后，我打开皮箱并取出了32瓶润肤膏的竞争品。在每一个瓶子上，都有一个标签，上面标有商业调查的结果，还简明扼要地叙述了它的故事。

“我们之间不再有争论了。这次我采用的是完全不同的交谈模式，我带的也是一些令他耳目一新的东西。他拿起那些润肤膏来阅读标签上的说明。我们进行了一场友好的谈话，他十分有兴趣地又向我提出了一些其他的问题。本来我们约好的谈话时间是10分钟，但后来20分钟过去了，30分钟又过去了，接着又是40分钟，到一个小时的时候，我们还在交谈。

“这次我陈述的事实其实和之前并没有多大的区别，但是我使用的是充满戏剧化的表演术，就产生了完全不同的效果。”

所以，如果你想让别人信服你的话，还应遵守第十一大规则：将你的想法戏剧性地表现出来。

激发他人挑战的欲望

在谈这一话题前，我们先来看一个真实的故事。

查尔斯·史考伯经营了一家工厂，手底下管着不少人。一天，他的经理过来告诉他，厂里的工人总是无法完成生产指标。史考伯很纳闷，便问经理：

“到底是什么情况？我知道，你一直是一位精明能干的管理者，为什么就不能让工人们完成规定的生产指标呢？”史考伯问他。

“我也不清楚，我也曾使用过很多方法，威胁也好，诱使也好，强迫也好，甚至责骂都不行，我也搞不清楚他们为什么不愿意干活。”

听到经理这么说，史考伯想了下，然后默不作声地走了。

这天，当太阳下山的时候，白班工人已经下班了，夜班工人来到了厂里。史考伯对一位工作人员说：“给我一支粉笔。”然后，他转向旁边的一位工人说：“今天你们这个班完成了多少生产指标？”

“6个单位。”工人回答道。于是，史考伯在黑板上写了一个很大的“6”字，然后什么也没有说就走了。当那些正赶着上夜班的工人看到这个“6”字以后，便很好奇地问这是什么含义。

日班的工人告诉他们：“公司的老板今天来了，他们问我们今天完成了多少生产指标，我就说做了6个单位，也不知道为什么他就在黑板上写了个‘6’字。”

第二天早上，史考伯来到车间以后，又把原先的“6”字擦掉了，换成了“7”字。到了第二天早上，当那些白班工人来的时候，他们看到一个大大的“7”字写在了黑板上。他们明白，昨天夜班做的成绩比他们好。他们心想，那既然这样，我们就让你们看看我们有多厉害。他们十分努力地工作，在他们下班前，黑板上的“7”已经变成了一个硕大的“10”字。慢慢地，整个工厂的工作氛围都被带动起来了，大家都积极热情地工作，原来这个一度生产落后的工厂的绩效一下子提升上来了，甚至远远超过了那些业绩比他们好很多的竞争对手。那么，这其中的道理是什么呢？

对此，史考伯说：“要办成事情，方法很简单，就是激发人们竞争欲望。当然，我此处说的竞争并不是那种钩心斗角的竞争，而是人们相互取胜的比拼。”

在企业内部，领导者想要留住好的员工，单靠高薪是不行的。每个成功者真正喜爱的，是工作本身的竞争和自我展现的机会。

的确，人们都有取胜的欲望，这是一种积极向上的精神。假如没有这一精神，西奥多·罗斯福就不会当上总统。要知道，他是一位刚从古巴回来的牛仔，却被成功推选为纽约州的候选人。那些不怀好意的反对者们正是抓住了这一点——罗斯福不是纽约州的合法公民，对罗斯福提出了质疑。此时的罗斯福很担忧，当他准备退出之际，托马斯·科利尔·普列特对罗斯福采取了激将法，于是罗斯福被激得大声叫道：“难道圣璜山的英雄会是一个弱者吗？！”

就是这一激将法，让罗斯福继续奋斗下去。后面的历史我想也不用多说了。这不仅是改变罗斯福一生的挑战，更是影响和改变了美国历史的挑战。

古代希腊帝王的侍卫有这样一句格言：“面对困难，我们每个人内心都会畏惧，但是真正勇敢的人能暂时把畏惧放置到一边，然后勇往直前。一些人可能死了，但是大多数人都能成功 。”这句话说明，在人的内心，都有挑战困难的欲望，这能让人产生成就感。

深知挑战所具有的力量的，不仅有史考伯、托马斯·科利尔·普列特还有艾尔·史密斯，在其任职纽约州州长的时候，就曾利用过这一技巧。

星星监狱曾被称为西方最恐怖、最恶名昭彰的一座监狱，在这里充斥着最为血腥和残酷的犯罪，充斥着骇人听闻的丑闻。许多管理人员都因为无法胜任自己的工作而离职。很明显，这座监狱是缺少管理人员的，尤其是缺少一位手段强悍的铁人，纽约州州长艾尔·史密斯很是头疼，到底该找谁呢？最后，他派人把新汉普顿的刘易士·路易斯请了来。

刘易士在知晓州长把自己叫来的目的后，很是为难，因为他知道这份工作的难度。星星监狱的典狱长总是干不长——其中有一个只干了三个星期。他必须考虑他的前途。这是否值得冒险？

史密斯州长自然能看出刘易士的想法，于是，他决定以激将法让他答应。他说，“年轻人，我不责备你吓成这样子，这确实是个很难搞定的工作，也是个到处是恶魔的地方，它需要一个大人物到那边去坐镇。”

刘易士一听，州长这不是看不起自己吗？于是，他答应了去星星监狱，并且待下去。后来，他一直没离开，成了当代最著名的典狱长。

他将管理星星监狱的那段时间，写成了畅销书《星星二万年》，卖了数十万册。他曾在电台里做广播，他的典狱长生活也被改编成十几部电影。而他对待罪犯的“人性化”的措施，给监狱改革带来了奇迹式的改变。

刘易士为什么会这么爽快地接受这份艰巨的任务呢？就是因为史密斯的那句话——“我不责备你吓成这样子，这确实是个很难搞定的工作……它需要一个大人物到那边去坐镇。”这句话点明了这项任务的艰巨性，也激发了刘易士的挑战欲。

在企业管理中，只用薪水留不住好员工，这一点已经成为大家的共识。伟大的行为科学家弗雷德里克·赫茨伯格也认同这一观点。他曾经深入各个阶层，他发现，无论是工厂操作员还是那些高级经理，他们都会被一种因素所激励。那么，你认为是什么呢？是高薪吗？是优越的福利吗？还是良好舒适的工作环境呢？答案是工作本身。如果人们发现工作令人兴奋、备受鼓舞，他们就会去挑战和超越，努力将工作做好，反之就会懈怠。

事实上，竞争是任何一个渴望成功的人都喜欢的竞技，是表现自己的机会。这一点，无论是竞技类比赛，还是其他的比赛活动，都能表现出来。它能帮助你证明自身价值。如果你希望他人有斗志、有上进心、愿意接受挑战，那么，你就应该记住第十二大准则：激发他人的挑战欲。

第二章

如何不伤感情地说服他人

批评前先赞扬他人

在谈到这一话题前，我们先来说一个真实的故事：

我们都知道，约翰·卡尔文·柯立芝是美国著名的总统，他于1923 年成为美国总统。柯立芝深谙批评的艺术，这一点，我的朋友目睹过，接下来我说的这个故事就能佐证这一点。当然，这个故事是后来我的朋友转述给我的：

他有一位漂亮的女秘书，人虽长得很好看，但工作中却常因粗心而出错。

一天早晨，柯立芝看见秘书走进办公室，便对她说："今天你穿的这身衣服真漂亮，正适合你这样漂亮的小姐。"这句话出自柯立芝口中，简直让女秘书受宠若惊。因为柯立芝一直是个沉默寡言的人呢！秘书听到后，马上就脸红了，显得不知所措，在她还没回过神来的时候，没想到柯立芝接着说："但也不要骄傲， 我相信你同样能把公文处理得像你一样漂亮。"果然从那天起，女秘书在处理公文时很少出错了。

我的这位朋友知道了这件事后，便问柯立芝："这个方法很妙，你是怎么想出的？"柯立芝得意扬扬地说："这很简单，你看见过理发师给人刮胡子吗？他要先给人涂些肥皂水，为什么呀，就是为了刮起来使人不觉得痛。"

这则故事中，柯立芝批评女秘书的方法是值得很多人学习的。无疑，别人对我们的优点加以赞赏之后，对于那些缺点，我们接受起来也就容易得多了。

1896年，共和党人麦金莱在竞选总统时，就曾用过这一技巧。

一天，一位共和党人来找麦金莱，他声称自己写了篇竞选演讲稿，并且读给麦金莱听，希望获得麦金莱的赞赏。因为他自己觉得这份演讲稿简直比任何人写得都要好。麦金莱认为，这篇演讲稿确实有它的优点，但是还是不大适合在竞选中使用，因为如果在那样的场合将这篇演讲稿宣读出来的话，大概会引起一场轩然大波，可是麦金莱却不能伤害这位作者的感情。要知道，谁也不希望自己的一腔热火被一盆冷水浇灭。然而，他还是必须要拒绝这位先生。那么，他该怎样处理这件事呢？

他告诉这位先生："我的朋友，我听完后觉得这确实是一篇伟大的演讲稿，我相信很少有人能写出这样精彩绝伦的演讲稿，我想，在许多场合，我都会这样说，但是这种特殊的场合是否合适呢？也许从您的角度来看是合理的，但是我必须慎重对待，因为我要考虑它对我以及对我的政党所产生的影响。现在，我觉得您可以先回家去，按照我的意见进行修改，然后再送给我。"

那位先生接纳了麦金莱的意见，将稿件进行了修改。后来，他成了竞选中一位很有影响力的演讲员。

我们都知道，总统林肯曾写过一封信给比斯夫人，因为她在战争中失去了五个儿子，林肯希望自己的安慰能让她的心里好受点。我们称为第一封信。后来，林肯又写了第二封信，写这封信大概花了五分钟时间，它曾在1926年被公开拍卖，售价是1.2万美元——这简直比林肯本人辛苦工作五十年的薪水还多。

这封信写于1862年4月26日——那是内战最黑暗的时期。那时候，林肯和他的联军已经接连经历了18个月的失败。看不到希望的士兵们从军队中逃跑，甚至一些参议院的共和党员也开始叛乱，并威逼林肯从白宫离开。林肯后来回忆此事时说："那时我们处在死亡的边缘上。我觉得上帝好像都开始反对我们了，我几乎看不到一点希望。"那是多么黑暗的一段时光，这封信就是产生于那个时期。

而从这封信的内容中，我们能看出林肯在当时是怎样处理这一政变的。可以说，那个时候，全国的成败命运就系在了林肯一人身上。这大概是林肯在成为美国总统以后写的最言辞锐利的一封信。不过他在提到胡克将军的严重的错误以前，他先称赞了胡克将军。

的确，即便林肯明白那是些很严重的错误，但是林肯却没有用这样的词语来形容，而是用委婉的批评方式，显示了他出色的外交手段。在信中，他说："有些事我对你不是十分满意。"下面是这封信的具体内容：

"我认为，将军您是军队中最主要的人。我这样说是有充足的理由的。但是我想，确实也有一些事，我对您不是十分满意。

"我已经任命你为波托马克的陆军首长，之所以这样做，我当然有很充分的理由，我相信你是一位有勇有谋的将军，是个自信的人，这是一种有价值的、不可或缺的个性品质。但是在有些事情上，我对你有些不满意。

"你的作战技巧纯熟，且你有一定的野心，你志向远大，这在很大的范围内是有益无害的。只是当我在授予柏恩塞将军权力，希望他能带领军队的时候，你出于个人意志，想竭力阻止他。我不得不说，在这件事上，无论是对柏恩塞将军还是对一个国家，你都犯了一个不小的错误。

"最近，我听到别人议论你，他们说你认为我们的军队和政府都需要一位独裁者。当然，我给你独裁权绝不是因为这个原因。我知道一点，谁要想成为独裁者，就必须要成为胜利的将领。如果你能取得军事的胜利，那么，我可以将独裁权给你。

"在这以前，政府会尽力支持所有指挥官，对于你，我们也是如此。我很担心的是，你灌输给军队的批评将领以及不信任他们的精神，现在也将加到你身上了。我一定要努力把这一想法从你的思维中去除掉。

“不管是你，还是拿破仑，如果你们所带领的军队中还有这种精神的话，那么，你们都绝对无法从军队中得到什么益处。所以，现在，我们要深思熟虑，不能轻率行事了；要一步一个脚印，要不断朝前努力，最终，我们会获得胜利。”

明明是批评和谴责，但却说得委婉、诚恳，同时也达到了警示的作用。的确，那位将军读此信，怎么会不衷心感动而自愿效忠林肯呢？这大概就是一位总统的过人之处。

也许你说，我并不是总统，也没有突出的事业成就，但即使你是个普通人，你也可以将其运用到日常的生活中。接下来，我说说自己身边发生的一件事。

前段时间，我们雇用了一位实习出纳小姐。她很会与人打交道，与顾客的关系不错，而且处理案件很高效。但是某天结账时，却出现了一些问题。她所在组的组长来找我，对她颇有微词，并提出要解雇她。她的原话是这样说的：“她结账太慢了，大家都因为她而耽误了工作进度，我已经跟她说了无数次该怎么结账，但她就是学不会，我觉得还是解雇她吧。”

我暂时没给出明确的答案，我在暗中观察这个实习小姐。第二天，我看见她十分利索地处理了一件日常交易，而且，她与顾客相处得十分融洽。

我再观察了会儿，很快又发现，在结账时，她确实出现了问题。

下班后，我将她叫到了办公室。她敲门进来的时候，显得很紧张。我一开始并没有说她在工作上的失误，而是先赞赏她对顾客的友好与热情，顾客对她的喜欢与赞扬，还有她的工作效率等，然后，我才提出建议，建议她再去复习一下结账上的工作流程以及如何平衡现金。我在说这番话的时候充满了对她的信心，她也表示愿意接纳我的建议。果然，回去后，她认真学习，很快也熟悉了这个流程。从那次之后，她真的再也没有犯过类似的错误。

接下来，我们再来说一下费城的华克公司的高先生的经历吧：

高先生是我曾经的一名学员，他和你我一样都是普通人，在一次班级交流心得的过程中，他谈到自己运用这一技巧的一段经历：

华克公司在费城承包了一个大的建筑工程，就是建一座办公大厦，并且，工程有一定的限定日期。在这之前，一切都有条不紊地进行着，然而，当建筑工作快结尾时，却出现了问题。

原来，负责工程材料供应的商人突然说他们无法如期把一些材料送过来，这样一来，整个工程都会受到影响，完工日期肯定会延后，华克公司面临的将是巨额的违约金，而整个公司都会因为供应商而承受巨大的损失。

在回过神之后，公司负责人马上与供应商沟通，但沟通中得到的尽是争辩，于解决问题根本没有帮助。于是，在毫无办法的情况下，华克公司决定派高先生去试试看。

这天，高先生来到这位经理的办公室，进去后，他开口便问："您知道您的姓氏在勃洛克林是绝无仅有的吗？"听到有人问这样的问题，这位经理很诧异，回答说："不，我并不知道。"

"哦，是这样的，今天早上，我从火车站出来的时候，我拿出电话本，翻找您的地址和电话，当我按照您的名字翻找时，发现整个勃洛克林只有一个叫这个姓氏的。"高先生说。

"我还真不知道呢！"听完高先生的话，这位经理赶紧拿出放在身边的电话本，然后一边翻找一边说："那不是普通的姓氏，我的家族不是美国本土居民，大概是200多年前从荷兰搬到纽约的。"接着，他又对自己的家族和祖先谈了几分钟。当他说完这些时，高先生明白那些赞美的话起到作用了。于是，高先生又赞美他有多么大的一家工厂，比他从前参观过的任何一家工厂都要好："在这之前，我还从未见到过有工厂如此干净整洁。”

这位经理接过话茬：“肯定啊，要知道，我在这项事业上倾注了一生的心血，我为此感到自豪。高先生，你想不想参观一下我的工厂呢？”

高先生当然乐意。在参观的时候，高先生还赞美工厂的构造系统，并且发表了自己的意见，说自己终于知道为什么这位经理的工厂比其他人的都要好。对于他看到的几种特别的机器，高先生也给予了评论。经理解释了那些机器是怎样运转并夸耀了它们所生产出来的产品的优良。到最后，他坚持要请高先生吃午饭。但即使到此，高先生也未曾提到自己此行的目的。

经理邀请了高先生共进午餐。午饭过后，这位经理说：“好吧，到这里，其实我应该有话直说了，我知道你此行的目的。一开始我是抗拒的，但没想到我们之间的谈话如此愉快，所以，你可以给我捎个话，就说你们公司需要的材料我们会立即送去，即便我不得不延迟其他公司的订货。”

这里，在会谈中，高先生甚至都没提到过要求材料如期送到，但却轻而易举达到了目的，整个工程也在规定时间内交工了。试想一下，假如高先生和一开始的那位负责人一样，使用那些别人常用的争论的方法，那会怎样呢？还会有这样良好的结果吗？

所以，如果你想说服别人，就要懂得遵循第一项准则：说服前先要真诚地称赞并欣赏他人。

如何正确地批评他人

日常生活中，遇到他人犯错时，我们需要指出来，然而，直接指责他人，难免被人厌恶和憎恨，聪明人懂得巧妙地暗示他人的错误。

约翰·华纳梅克就是这样一个深谙批评艺术的人。

他拥有一家自己的大型门店，平时，他没事的时候会去店里看看。

一天，当他到店里的时候，发现有一位顾客等在柜台前面，但却没人前来招待他。店里的那些人呢？华纳梅克定睛看了看，发现那些店员们正聚集在远处的另外一个地方闲聊。华纳梅克什么都没有说，而是静静地走到柜台后面，亲自去为那位顾客拿东西，为他把东西包装好、结账，然后又静静地走开了。

钢铁厂老板查尔斯·史考伯也是一位懂得巧妙批评下属的人。

查尔斯·史考伯有一间工厂。这天下午，他在工厂门口看到几个员工在抽烟，史考伯看了看他们头上的那块牌子，上面写的正是“请勿吸烟”。此时，史考伯先生并没有指着牌子上的字，然后说：“难道你们不识字吗？”那么，他是怎么做的呢？

史考伯先生和颜悦色地走过去，然后递给他们每个人一只雪茄，然后说：“嘿，老兄，如果你们能到外面抽这些雪茄的话，我会很感谢你们。”员工们当然知道自己做错了，违反了厂里的规定，但他们的老板不但没有惩罚他们，居然还给他们每人送了一支雪茄，对于这样的老板，他们能不爱戴吗？

生活中，不少人常抱怨那些大企业、公司或者组织中的领导们总是一副高高在上的样子，似乎根本见不到他们。其实，他们确实很忙，但这只是一个方面，更为重要的是，他们的下属或者助手会将访客挡在门外。

为了解决这一问题，佛罗里达州奥兰多市的市长卡尔·朗福特曾在其任职期间，嘱咐下属要让那些前来的百姓进来见他，但是秘书还是经常将那些市民挡在门外。

后来，睿智的市长想出了一个解决的方法——他拆了办公室的门，这当然只是一个象征性的做法，为的是让下属们知道自己公开行政的决心。当然，下属和助手们知道卡尔的开门政策后，也就不再阻挠市民求见了。

我们发现，生活中不少人认为自己深谙如何赞美和批评他人。他们认为，这太简单了，只要在句子中加上转折——“但是”就行了，举个很简单的例子，一些人想让孩子改正学习不认真的态度，很可能会这样说：“乔治，这次考试不错，成绩进步了，我们为你骄傲，但是如果你再在代数上下点功夫，那就更好了。”

这个例子中，本来成绩获得了提升的孩子乔治被父母夸奖后，心情很好，但在听到父母的“但是”这一词语后，很可能就会对原本给他的赞美之辞也产生怀疑。在他以后听到父母的赞赏时，他可能认为：“好了，我知道，一切都是为了后面的批评做准备的，根本不是认真的夸赞”，同样，乔治也不会真的因为父母的话而努力学习。

而要解决这一问题，方法很简单，只要将“但是”改为“而且”，那么，效果完全不一样，“乔治，这次考试成绩不错，我们很高兴，而且只要你在代数方面也再努力一把的话，想必能比其他科目更优秀。”

这样的话，乔治一定会认为是最诚心的赞美了，因为后面没有再附加转折。并且，我们也间接提醒了孩子应该改进的事项，他自然会从中受到鼓舞并努力达到我们的期望。

没有人愿意接受那些直接的批评，所以我们要尽量温和地指出别人的过失，这样做的效果比直接批评好多了。

我的学员中有一位玛姬·杰克布太太，她分享了自己是如何让那些懒惰的工人们养成良好的事后清理的好习惯的。

那段日子，玛姬·杰克布太太请了几个工人来自己家加盖房子。刚开始下班回家的那几天，杰克布太太每天都能看见满屋子的木屑和废弃的材料，她很生气，但是并没有劈头盖脸地骂他们，因为她知道这样做的效果并不好，而且，平心而论，这些工人们的技术确实很好，杰克布太太并不想让工人们产生反感的情绪而影响工程的质量，所以，思索了几天后，她找到了最好的解决方法。

所以，这天傍晚，等工人们下班离开后，她叫来孩子们，大家一起把那些木屑清理干净，然后堆在院子的角落里。

第二天早上，当工人们来开工的时候，她把工头叫过来，对他说："你们昨天离开之前把这些木屑清理干净了，我很高兴，这样那些邻居们终于不跟我抱怨了。"

从那天以后，工人们每天在完工之后，都会主动把那些木屑堆到院子的角落里，工头也会监督这些工人每天这样做。

在日本人看来，美国的亨利·华德·毕启尔是美国最伟大最动人的牧师以及演说家。1987年的3月8日，他去世了。周末这天，莱曼·阿伯特应邀为亨利的葬礼致辞，这对于莱曼·阿伯特来说是一次很重要的演说，所以他非常重视。在写完演讲稿之后，他认真改了好几次，加以润色。然后，他叫来自己的妻子，将演讲稿念给她听。他以为会获得妻子的赞赏，但他的妻子听后，却觉得写得很不好。此时，假如她是一个不懂如何批评的人，她肯定会说："莱曼，你写得真的很糟糕，如果你真的这样演讲的话，我想台下的观众一定会睡着的，这简直太像教科书了。你也传道很多年了，为什么不能在语言组织上自然点呢？"

是的，也许很多人会这样说，但莱曼的妻子太懂批评的艺术了，她知道，一旦这样开口，丈夫受到的打击会有多大。所以，她只是说，如果这篇演讲稿发表在《北美评论》上，将是一篇很棒的文章。很明显，她暗示出了这篇文章不足的地方——用这样的稿子来演说并不合适。莱曼·阿伯特马上听出了妻子话里的意思，于是，他抛弃了原来精心准备的演讲稿，在后来的演说中，他甚至都没用讲稿，但这样演讲出来的效果自然多了。

在美国，很多后备军人在接受训练期间，都对一件事感到十分烦恼——理发。他们认为自己并不是正规军，只是普通的老百姓，也就不想保持军队的发型。

美国陆军第542分校的哈雷·凯撒在带后备军时，决心解决这个问题。

一次，他正好奉命去训练一批后备军官，按照从前的军队管理法，对待那群士官，他大可以直接勒令或者恫吓他们去理发，但他并没有这样做，而是采取了迂回劝导的方法，很轻松地达到了自己的目的。

他这样对这群士官说："今天，在座的各位都是未来的领导者。现在，你们是如何被领导的，在将来也要怎样领导别人。我想大家都知道在军中关于头发长短的规定。不管怎样，等一下我就要去理发，尽管我看我的头发比诸位的还要短。诸位等一下也可以去照照镜子，假如有需要的话，我们可以安排时间到理发室去。"那么，结果怎样呢？果然，不少士官都去照镜子，然后大家一起去理了头发。

在大家回来后，他还不忘说，他很高兴看到有不少人已经开始具备领导者的气质。

所以假如你想说服他人的话，就应该遵循第二条规则：间接委婉地指出他人的错误。

批评前先提自己的错误

如果有人犯了错，你在指出他的错误之前，不妨先谦虚地承认自己的错误，这样，对方接受起来就不会那么困难了。我们先来看看工程师狄利斯通是怎样运用这一技巧的：

他发现，他的秘书在工作中，经常犯一些拼写类的错误，每一张文稿中，都能找到好几处。那么，怎样才能让秘书避免这一错误呢？

狄利斯通后来在谈到此事时说："想必不少工程师和我一样，在词语的拼写上不是很在行。为了提升自己的这一技能，这些年来，我一直有个习惯，那就是随身携带一个小小的笔记本，只要发现自己的某个拼写错误，我就记下来。我的秘书是个马虎的人，虽然我已经好几次指出他的错误，但他似乎根本没听进去，也没有想改正的意思。所以，我决定还是改变一下方式。

"后来有一次，我又发现了他的拼写错误，于是，我在他旁边坐下来，很诚恳地说：'这个字好像不对，我好像也常把这个字拼错，幸亏我随身携带了这个小笔记本。哦，你看，这个字就在这儿。现在，我很在意自己的拼写，因为如果不注意的话，这就有可能成为别人批评我们不专业的理由。'

"当然，我的这一方法只是我自己认为很有效，我不知道他有没有也运用这一方法，不过这无所谓，因为我的话对他起作用了。后来，他很少再拼错字了。"

狄利斯通是个聪明的领导，他了解如何让下属接纳并改正错误。的确，承认自己的错误，即便现在你还没有改正过来，也可以帮助你改善行为。

接下来，我谈谈我自己身上发生的事。

我有个侄女叫约瑟芬·卡耐基，今年22岁，已经是十分干练的秘书了。

三年前，也就是在她19岁的时候，她离开了在堪萨斯市的家，只身来到我的身边，并担任我的秘书。那个时候，她刚高中毕业，没什么做事的经验，所以我想安排她在我身边多学习和历练。

初来乍到的小女孩很脆弱。有次，因为工作没做到位，我准备责备她，但在开口之前，我控制住了自己的情绪，然后做了一番深刻的检讨。我问自己："等等，戴尔·卡耐基，你自己算一下，你的年纪都有约瑟芬的两倍了，生活经验更是比她多一倍，你肯定比她更成熟、做事更有经验，你怎么能要求她跟你有一样的经验、判断力和做事方法呢？当然，你自己也并不出色，你再回过头来想想，你自己在19岁的时候又是怎样的呢？你还记得多少当年的你犯过的愚蠢的错误呢？"

在问过自己一连串这样的问题后，我得出的结论是：在我19岁的时候，我完全不如约瑟芬。想到这里，我更加惭愧了，因为我从来没有夸赞过我这个已经十分优秀的侄女。

于是，从那次以后，每当约瑟芬犯错时，我都这样告诉她："约瑟芬，我必须要说，你真的犯了一个错误，但是我也必须承认，我在你这么大的时候，不知道犯了多少错误。尽管我很少跟人提起，但是上帝知道。要知道，出色敏捷的判断力并非生来就有，需要在工作中积累。更何况，当我在你这个年纪的时候，我还不如你呢。我根本没有资格去批评任何人，但是从我的经验来看，如果你这样做的话，不是更好吗？”

任何人，听别人数落自己的过失都很难以接受，但是如果对方谦逊地承认自己也并非完美的话，我们似乎也就没有那么难以接受了。

下面我说的是克劳伦斯·周哈辛讲述的故事。

克劳伦斯·周哈辛的儿子15岁了，和很多青少年一样，他学会了抽烟。对此，克劳伦斯·周哈辛说：“我真的不希望我的儿子抽烟。15岁是长身体的时候。他还那么小，抽烟太有害健康了。但这都是我和他妈妈的错，我们俩都抽烟，大卫在耳濡目染下，也学会了。我向大卫解释，我在年轻的时候也是慢慢学会抽烟的，但是现在已经无法戒掉了，我确实被烟瘾所害，经常在夜里咳嗽。我提醒他，假如他不及时停止的话，以后可能也会跟我一样。

“在劝大卫的时候，我并没有强行制止，也没有长篇大论告诫他抽烟的危险，我只是说出了我自己的经历，说出自己是如何逐步染上烟瘾以及被烟瘾所害的。

“在听完我的一番话后，大卫沉默了片刻，然后对我说：‘我决定在高中毕业前都不抽烟了。’他确实做到了，而且，后来几年里，他也一直没再抽烟。而我在那次和儿子交谈后也决定戒烟，并且，在家人的帮助下，我真的做到了。”

的确，即使一个人现在还没有改正自己的错误，但是他已经承认了，这样就能帮助他改变自己的行为。

在指出他人的错误前，先指出自己的错误，这一点实在太重要了。实际上，早在1909年，德国的总理大臣布洛亲王就认识到了这一点。

当时，德国的皇帝是威廉二世，也是德国的最后一任皇帝，这是个自大傲慢的人，他对全世界的人吹牛，声称自己的海军和陆军是无敌的，他可以征服全世界。

然而，事情远不止于此，他真的是太狂妄了，他说的话简直让人匪夷所思，这些话震撼了整个欧洲。他在英国做客时就宣布，他是唯一对英国友好的人，如果没有他的铁血手腕，英国将会臣服在法国和俄国的铁蹄之下，是他一个人独自挽救了整个英国；他建立的海军足以对抗乃至打败日本。这些话他不只是在英国说说，还要求把它们发表在《每日电讯报》上。

在此之前，欧洲大陆已经拥有一百多年的和平，但从未有过哪位君王说过如此令人诧异的话。这使得其他君王们愤怒起来，尤其是英国国王，而德国本土的政治家们，也为此诚惶诚恐。

其实，在威廉二世说完这些话后，他自己也慌张了，他急需要征求大臣们的意见，其中就有布洛亲王，他所希望的是布洛亲王能扛下这一切责任，说是他建议君王对外说出这些被人诟病的话的。

在了解了威廉二世的意图后，布洛亲王先是不假思索地说："不过，陛下，您觉得全德国和英国，会有人相信我会指使您说出那样的话吗？"

布洛亲王说完后，就发现自己说错了。果然，威廉二世大发脾气，说："你的意思是我很愚蠢是吗？这些蠢事你根本不会做是吗？"

布洛亲王知道自己惹恼了威廉二世了，早知道这样，就该先恭维几句，然后再批评，但是说出去的话如泼出去的水，不可能收回了。想了一会儿后，他决定称赞称赞威廉二世。果然，称赞起到了效果。

所以，接下来，布洛亲王说："我的陛下，我绝对不可能有这种意思。事实上，我自己很清楚，在很多方面您比我高明很多，这是我不能企及的，比如，在海洋和军事知识上，最主要的是在自然科学上，当您平时谈论晴雨计、无线电报以及伦琴射线时，我真的只有听着的份，我内心十分佩服，因为自己确实一窍不通，连基本的解释现在的自然知识的能力都没有，但是正因为这方面能力的不足，我努力学习历史和政治知识。"

听到这里，威廉二世绷紧的脸缓和了。他听到布洛亲王赞扬自己，而且那么谦逊，这足以磨灭之前的一切不愉快。他对布洛亲王说："亲王，我不是经常告诉你，只要我们团结在一起，互相取长补短，就能所向无敌吗？"

他继续说着，十分激动，然后不停地与布洛亲王握手，那天下午，他们聊得十分愉快，末了的时候，他说："要是谁敢说布洛亲王你的坏话，我一定饶不了他。"

布洛亲王是多么圆滑的政治家啊。当然，这只是指他补救的措施，一开始他就应该先提自己的不足和威廉二世的长处，而不是让威廉二世感觉自己犯的是一个愚蠢的错误。

即便是不可一世的皇帝，也有喜欢听赞美之言的弱点。日常生活中，我们如果也将谦卑和赞扬熟练运用，那么，即使原本是指责，也更容易让人接受。

总之，如果你想说服他人的话，那么，你要掌握第三项原则：在指责别人做错什么之前，先想想自己的错误。

不要趾高气扬地命令他人

趾高气扬地命令他人，只会让他人反抗，即便他也能认识到你的命令是出于希望他能改正错误的目的。相反，用建议代替命令，不仅能保住对方的尊严，也能让对方改正错误，并乐于与你合作。

首先，我们来举一个反面的例子：

我曾经听过宾州的一位教师唐·桑塔瑞里说过一个故事：

有天，一位老师在来到学校后发现有学生把车停在了错误的地方，挡住了别人的路。他气势汹汹地冲进教室喊："是谁的车子堵住了通道口？"见底下有人回应后，他又立即呵斥："马上把你车子从那里挪开，不然我就叫拖车了。"

将车停在了通道口，堵住别人的路，这确实是这位学生的过错，教师批评学生也无可厚非，但是这种直接命令的方式，让这位学生对老师心存不满，甚至导致其他的学生也开始经常故意捣乱，让老师为此困扰。假如这位老师能用不同的方式处理这件事，结果又如何呢？他可以态度温和地说："打扰下，请问通道里的车是谁的呢？能不能麻烦挪一下，好让别人顺利通行。"相信委婉的说法更能让学生接受，也就不至于让学生那么生气了。

可见，我们千万要避免趾高气扬地命令他人，而应改用温和的语气建议，这样效果好得多，接下来是我自身的一个故事。

有一次，因为机缘巧合，我十分荣幸地与资深传记作家伊达·塔贝尔小姐共进晚餐。席间，我们讨论到了我现在正在写的这本书，于是就有了"如何与人相处"这一话题。

她告诉我一件事：以前，她在为欧文·杨写传记的时候，需要对杨先生进行一些了解，所以，她访问了三个曾与杨先生一起工作和合作的人。他们都说，他们从未见过杨先生用命令的口吻和谁说话，而只是建议。比如，欧文·杨不会说："你去做这个，去做那个"或者"别这样做，别那样做"。而是说："你可以考虑一下这样……"或者"你觉得这样执行怎么样"。当他的秘书将起草好的信和文件交给他时，如果他不满意，他会说："也许你这样写更妥当些。"他从不指使助手做什么，而是让他们自己去做，让他们自己认识到错误，并从错误中学习。

这种方法其实不但可以运用到日常生活中，在很多商业活动中，也被广泛运用。我们来看一下南非约翰内斯堡的一家小工厂经理依安·麦克唐纳的经历：

这是一家小工厂，主要生产精密仪器，所以，对于他们来说，接到一个大的订单很难得。

一次，他们终于获得了这样的机会，但是买方提出了一些要求，比如，要在限定日期内交货，这个要求本是无可厚非，然而，麦克唐纳所在工厂最近的生产任务都已经安排得满满当当了，要想临时加进去一项生产任务，还要准时交货，确实有难度。

然而，这是个大订单，必须要接下来，所以，他将工人们召集到了一起，把事情的详细情况说了一遍，然后便开始提出问题。

“我们有什么办法可以处理这批订货？有没有人能想出其他办法，看我们能不能在规定时间内赶出这批订货？能不能找出什么办法调整一下个人的时间或个人分配的工作，从而加快生产进度呢？”

从头到尾，麦克唐纳都在询问工人们的意见，一点命令的意味都没有，被这样尊重，工人们也都积极发言，并坚持接下订单，他们告诉麦克唐纳一定能做到，结果他们真的接下订单，并如期交了货。

所以，如果你是一名聪明的领导，如果你想说服他人，那么，你就要掌握第四项原则：永远不要趾高气扬地命令别人，以建议或提问的方式代替命令。

千万不要忘记为他人留面子

在引述观点前，我们先来看看安娜·马佐尼的经历，她曾经是我班上的一名学员。

“我服务于一家食品公司，在营销部工作，最近，我接到了公司指派的一个任务——对公司新研发的一个产品进行市场调研。当我收到调查报告的时候，我惶恐不安、害怕极了，因为我的报告出了一个很大的错误，而接下来，唯一能做的大概就是重新再来。但更糟的是，报告会马上就要开始了，我也没有时间再去找老板重新商量这件事。在报告会上，当大家叫我将这份报告读出来的时候，我害怕得发抖，但是我尽量克制自己的紧张情绪，告诉自己不要丢脸，不要情绪化。因为太紧张的关系，我只是简单地叙述了一下，并表示我要重新改正，在下次开会时一定提出一个更完善的报告。在我坐下来后，我做好了被领导大骂一顿的准备。

“然而，令我诧异的是，他不但没有公开批评我，反而先感谢我在工作上的认真和努力，并且表示相信我重新做的报告绝对不会再有问题，并且还会对其他同事的工作大有帮助。他在众人面前肯定了我，相信我已经很努力了，还说我之所以出错并不是因为能力不足或者懒惰，而是经验不足……

“散会的时候，我思绪万千，想了很多，但过了会儿，我抬起头，并且告诉自己一定要认真、努力工作，这种情况绝不能再发生，也绝不能让领导失望。”

即便别人犯错、我们是对的，如果我们不懂为别人留面子的话，只会毁了对方，毁了你们之间的良好关系。

还有一个案例，陈述者是我课堂上的学员，他叫佛瑞德·克拉克，来自宾夕法尼亚州的一家公司，他和另外一位学员在讨论这一问题时，引述了自己所在公司的真实案例：

“那次，我们按照往常一样开例会，但是在会上，我们公司的副总情绪很不好，他直接点名批评了公司生产部总监的失职，言辞犀利，根本不给对方留面子。他当时愤怒极了，不断地指责生产总监。这位生产总监在这么多同事面前，并没有言辞激烈地回击，而是言语含糊。但他没想到，这样更激怒了副总，后者甚至直接在所有参会人员面前骂生产部总监是个骗子。

“就这样，原本和谐的上下级关系因为这一次激烈的冲突而毁于一旦。从我自己的角度看，我觉得那位生产部总监是个很好的员工，但从那天开始，他可能觉得自己再也无法待在公司了，因此就在这件事发生后的几个月，他辞职去了另外一家公司。同行内的消息是很灵通的，我们都知道，他在那家新公司成绩很出色。”

这是一个反面案例，但足以让我们看到为他人留面子的重要性。下面依然是一个工作中的案例，我们来看看：

几年前，通用电气公司人事部门遇到了一件很棘手的问题，他们不知道该怎样安置查尔斯·史坦梅恩斯这名员工。他是一名计算机方面的天才，公司很重视他。一开始，他是一位部门主管，但后来被计算机部门任命为主管后，人事部门却发现这任命很失败，他完全没办法发挥自己的才能。面对这样的任命失职，公司当然要重新为他安排。

然而，查尔斯·史坦梅恩斯是一个敏感且大牌的人，如果直接将其撤下来，岂不是伤了他的自尊？后来，这些领导想到了一个办法——给了他一个新头衔——通用公司咨询工程师。这个工作的工作性质和原来一样，只是换了个部门而已。

对于这样的安排，史坦梅恩斯当然很高兴，公司领导也很高兴，因为他们运用了温和的方式，在没有伤害到他的面子和造成任何风暴的情况下，终于将公司这位易怒的明星调遣成功了。

的确，保留他人的面子是十分重要的一个问题，但是我们却常把这个问题忽略了。我们常常喜欢对我们的朋友、亲人或者孩子、员工发脾气。我们我行我素，很少在开口前考虑几分钟，对他们说几句关心的话，很少从他们的角度考虑问题。事实上，如果能这样做，很多不愉快的情况便能避免了。所以，下一次当你想惩罚别人或者解雇某个员工的时候，千万不要忘记这一点。

马歇尔·格兰格是一位审定合格的会计师，他曾说："炒别人鱿鱼并不是什么快乐的事，被人炒鱿鱼更是很难过。但你知道，任何一家公司，都有淡季和旺季之分，我们这类公司就更是了。所以，在三月份，到了我们淡季的时候，我们就必须要对很多员工'开刀'了。

"我每年都要做这些事。按照往年，我会遵循这样一种和被解雇员工的谈话模式：‘请坐吧，史密斯先生，现在，公司业务旺季已经过去了，我们这里也没有什么合适的工作再让你做。当然，我想你也很清楚，我们只在旺季的时候才会雇佣员工，所以……’

“这样通知式的谈话只会让当事人感到有失尊严，让他失望，有种被公司‘遗弃’的感觉。这些员工，大部分人一辈子都在做会计类的工作，而这么快，他们就被抛弃了。他们对公司，也不会有很深厚的感情。当然，如果不是逼不得已的话，我是不会轻易解雇别人的。

“最近，我了解到了真正合理的做法，这种方式显得厚道和圆滑多了。我这样对他说：‘史密斯先生，一直以来，你在公司的工作都做得很好、很负责（如果这是事实的话），上次我们派你去纽约的华克，那是个麻烦的工作，但是你处理得十分妥帖，一点也没有出问题。我想让你明白的是，公司一直因为有你这样的员工而感到骄傲，你的能力是有目共睹的，不管走到哪里，你都能把工作干得十分出色，你的前途十分光明，我们也愿意永远支持你，希望你别忘记这些。’

“这段话的效果如何？被解雇的人觉得心里好过多了，至少不觉得自己没有尊严。他们会明白，如果我们还有合适的工作的话，一定愿意留他们下来，而且，当我们需要他们的时候，也会立即召他们回来的。”

如果我们是对的，而对方是错的，那么，对方也会因为我们说的话让他没面子而自尊受伤。在法国传奇性的飞行先锋和作家安托万·德·圣埃苏佩里看来，这是一种罪过。他的原话是这样说的："我没权利去做或者说任何贬低他人尊严的事，因为最重要的并不是我对他的评价，而是他认为自己怎么样，要知道，贬低他人的自尊是一种罪过。"

我们再说说已经去世的德怀特·摩洛，他在这一方面更是拥有出神入化的能力，无论是面对怎样的好战分子，他总是能在三言两语间化解争端。那么，他是怎么做的呢？

首先，他会找出二人正确的地方，慢慢将其凸显出来，然后加以强调并赞扬，但自始至终，他从不指出他们的错误。

其实，任何一个公证人都明白，最为关键的是：保住双方的面子。

事实上，任何一个杰出的人何尝不知道这一点呢，他们是不会将一分一秒的时间浪费在满足个人的胜利上的。我们再来举一例：

历史上，希腊和土耳其进行了为期几个世纪的对峙。到了1922年，土耳其终于决定，将希腊人驱逐出土耳其领土。这是一场空前惨烈的驱逐战争，正如土耳其的穆斯塔法·凯末尔所阐述的那样："你们的目的地是地中海。"最终，希腊战败，土耳其获胜，然后希腊的两位大将——黎科皮斯和迪欧尼斯不得不前往土耳其的凯末尔总部投降。成王败寇，土耳其人原本可以对他们进行百般折辱。然而，也许这两位将军自己都没想到，凯末尔并没有这样做，他丝毫没有一个胜利者的骄傲，而是诚恳地握住他们的手说："两位先生，请坐，路途遥远，一定累了吧。"然后，他开始和他们讨论投降的细节问题。期间，他还不忘安慰失败给他们造成的痛苦，这是军人间一次平等的对话。凯末尔说："战争是残酷的，但即便是最杰出的人也可能打败仗。"

也就是说，胜败乃兵家常事。这样的话减少了他们因为战败而产生的屈辱感。

胜利的凯末尔并没有骄傲自负，也没有忘记即使位居胜利者之位，也要遵循我们的第五条规则：要为他人留面子。

激励能让人获得进步

每个人都希望获得他人的赞赏，这是人性的需求。那么，我们为何要吝啬赞扬他人呢？

如果我们要激励身边的人，挖掘他们身上的潜能，那么，我们完全可以改变他们。所以，留心他人的点滴进步，并激励他，他会做得更好。

在我们身边，这样的励志故事一直不少，比如我们极为熟悉的歌唱家恩里克·卡罗素，谁曾想到他的人生如此辉煌，正是来源于外界的激励呢？

在那不勒斯的一家工厂，有个只有10来岁的小男孩，他做着辛苦的工作，但是有着自己的梦想，那就是成为一名歌唱家。在得知了他的梦想后，他的老师给了他当头一棒："你唱不了，你五音不全，我都听不懂你到底唱的是什么东西。"

但他的母亲却不这么看，她只是一位贫苦的农家妇女，她将自己受伤的孩子揽入怀中，然后轻声安慰他，并鼓励他一定能唱歌，她已经看出了他的这一天赋。后来，为了给自己的孩子赚到足够的费用学习音乐，她省吃俭用，甚至连一双鞋都舍不得买。

功夫不负有心人，那位母亲对孩子的称赞和鼓励开启了孩子美好的一生，恩里克·卡罗素终于成了当时名噪一时的歌剧演唱家。

我们再来看下面一个故事：

在很多年前的英国伦敦，有一位青年的愿望是成为一名作家。这是他儿时的梦想。他努力上进，但总是被命运无情地玩弄。

他只在学校接受了四年的教育，就不得不去打零工。他的父亲是个小职员，嗜酒好赌，挥霍无度，经常入不敷出。后来，他的父亲因为欠下一身债被捕入狱，这位青年失去了生活的依靠，经常饱一餐饿一顿。

然后，他不得不出去找工作——他在一家老鼠肆行的货房中粘贴黑油瓶上的签条。这个地方连个床都没有，他要休息，就要和另外两个来自贫民窟的男孩挤在一间破阁楼里。他怎么能指望这两个男孩欣赏自己的梦想呢？所以，为了不让自己被他们嘲笑，他只得趁着夜间，偷偷溜出去将自己的文稿寄出去。

然而，虽然他一直在寄，稿件却总是被退回来。但他没有放弃。终于，改变青年一生的日子来了，他的稿件中，终于有一篇被接受了。实际上，他并没有得到一先令的报酬，但他得到了一位编辑的称赞。他为此感到激动无比，那一个晚上他都在街上游荡，他仿佛看到了日后他成为著名作家的情形。想到那一刻，他流下了热泪。

一个贫穷的青年，一个在老鼠房里工作的青年，只因为得到了编辑的赞赏，从此改写了他的一生，这就是激励的力量。他的名字早已家喻户晓，他就是查尔斯·约翰·赫芬姆·狄更斯。

无独有偶，还有一个男孩，他的命运也因为长者的激励而改变。

这个男孩，在一家干货店工作，每天五点起床，工作14

个小时。这份工作太难熬了，但他还是熬了两年。两年后的一天，他终于忍无可忍了，那天一大早，他早饭都没吃，就步行了十五里的路，去找自己的母亲，他的母亲在很远的地方的一户人家做管家。

在与母亲谈及自己的未来时，他哭得很伤心，他说，如果自己再在那个地方做下去，那他的人生就真的毁了。随后，他写了一封信给自己的老校长，在信中哭诉自己的遭遇，他说自己的心已经死了，老校长给他回了信，说他确实应该做更好点的工作，并答应推荐他去当一名教师。

就是这样一封赞赏的信，改变了男孩的一生，后来这个男孩不停地写作，写了很多本畅销书，为英国文学谱写了辉煌的篇章，他就是英国著名的文学家赫伯特·乔治威尔斯。

伟大的心理学家斯金纳在其教学的基本观点中就认为，要用赞赏代替批评。在多次的实验和观察中，他发现，我们对一个人的批评减少而夸赞增多时，对方积极向上的热情就会被激发出来，进而朝着我们所希望的更好的方向努力。

我们在对待自己的宠物时，都知道，只要它有一点的进步，我们就要赞赏。那么，这一点为什么不能用在与人相处上呢？为什么不能用赞美代替斥责呢？

我有个叫派特·巴洛的朋友，他终生追随马戏团进行巡回演出。我亲眼看过他驯狗。我发现了一点，只要他的小狗有一点进步，他就会轻轻地拍拍它的头，给它吃点肉，并逗它玩。小狗也在不断的夸赞中表现得越来越好。

这个过程我全部看在眼里。其实，对狗狗加以激励并不是什么大事，自古至今，那些驯兽师也都懂得这个道理，也都是这样做的。但让我感到纳闷的是，为什么我们不懂得将这一点运用到与人打交道中呢？为什么不用称赞代替指责呢？其实，与人相处，哪怕对方有一点小小的进步，我们也应该看到，并加以称赞。

著名的心理学家杰斯·雷尔在他的《孩子，我并不完美，我只是真实的我》一书中说："对于温暖人类的灵魂来说，称赞就像太阳一样，缺少它，我们就无法获得成长。然而，我们大多数人却只知道避开他人的冷言恶语，却更吝啬将赞许赠予别人，使人获得温暖。"

至少到现在为止，当我回顾起自己的生活，我发现，有时候几句称赞的话就深刻地改变了我的整个生活。

这种激励的方式应该更多地被运用到家庭教育中。如果父母在对孩子的教育上总是批评、对孩子大喊大叫的话，亲子关系会变得恶劣，也不利于孩子朝着好的方向成长；相反，用激励代替批评，孩子感受到来自父母的认可，他们会按照父母的期望改变自己；对于这一点，来自北卡罗来纳州的约翰·林洁波夫深有体会。

约翰·林洁波夫是我课堂上的学员，在深深了解了激励的好处后，他决定将这一方法运用到与孩子的相处中。

在他的报告中，他这样说："我和妻子商量，以后多称赞孩子，而不是和从前一样挑剔孩子。当我们看到他们的过失时，这确实不容易做到，但我们会尽力去寻找孩子们身上值得我们赞美的地方。结果，让我们欣喜的是，过去他们做的那些令人厌恶的事情，真的没有再出现过了。不仅如此，他们还改掉了很多其他缺点，而且开始按照我们的期望去做。现在，他们乖得让我们都无法相信。当然，我们不指望他们一下子变得特别优秀，但总算是比以前好多了，且目前看来，他们一直在变好，虽然他们还会偶尔犯错，但做对的事，比做错的事多多了。这都是鼓励和赞美的功劳。即使是一个小小的进步，我们都不要吝啬对他们的赞美。"

同样，工作中何尝不是如此呢，我有个学员叫凯斯·罗博，他在加利福尼亚州有个木林山公司，他的印刷厂一直对产品质量要求非常高，但由于印刷员才来不久，没什么经验，对工作并不适应，产品质量达不到要求。公司的质检员很生气，想炒了这名印刷员的鱿鱼，凯斯·罗博了解了这件事后亲自跑了趟印刷厂，然后告诉印刷员公司对他最近的工作很满意，他是公司最好的员工之一，并且还从细小的地方给予了阐述，这让印刷员受宠若惊。

听完凯斯·罗博的话后，印刷员的工作态度发生了一百八十度的大转弯。在几天的时间里，他告诉周围的同事们，他的工作成果获得了老板的欣赏，而也就是从那个时候起，这名印刷员更努力工作，对公司也是忠心耿耿，最终成了能独当一面的印刷前辈。

是啊，我们谁都渴望被人认同和赏识，但是，谁都讨厌那种言不由衷的吹捧和恭维。所以，我还是要强调，我们在本书里提到的所有的规则，都是要发自内心地运用，这样才有用。一个人，如果阴险狡诈、满肚子诡计，那么，什么规则都没用。

接下来，我们再听听美国最著名的心理学家和哲学家、已故的哈佛教授詹姆斯的名言吧：

对于那些已被挖掘出的潜能和已实现的成就相比，我们不过是半醒着，我们现在利用的也只是身心资源的很小一部分。从更广义的角度来说，我们每个人都完全没有达到自己的极限，我们还有各种没有被利用的力量。

是的，当我们在阅读这几句话的时候，其实还有各种力量，我们还没有利用起来。而称赞和激励，能帮助人们认识到自身能力的神奇。

所以，如果你想要说服别人，请记住第六条规则：留意并称赞别人的每一点进步，即便十分微小。

给人一个超乎事实的美名吧

给人戴高帽子，给他一个超乎事实的美名，就如施了一种魔法一样，能让一个人从头到脚焕然一新，即便是卑微的女仆，也能变成自信的公主。

吉欧吉特·勃布朗在他的书《我与马伊德荷的生活》中，叙述了一个自卑的服务生的惊人变化：

“每天，我的伙食都是附近一家饭店的服务生送来的，她被称为“洗碗的玛茜”。她在厨房为厨师打杂，看起来就像个怪胎：斜眼、弯腿。在我看来，她无论是精神还是躯体上都让人觉得是一个可怜的人。

“有天，我打开门，看见她用一双红肿的手端着一盘意大利面。我对她说：‘玛茜，你不知道你身上有什么宝藏。’

“玛茜一直是个战战兢兢的人，她生怕自己做错了什么，所以我说完这句话后，她小心翼翼地将盘子放到桌子上，然后退回到原来的位置。她叹了口气，对我说：‘夫人，我永远都不会相信我能有什么宝藏。’

“回到厨房后，她不断重复我说的话。虽然她没有直接肯定我的话，但是接下来的一些接触中，我发现她好像一下子自信了很多。

“从那天起，大家开始尊重和关心她了。改变真实地发生在了玛茜身上。她开始相信她身上藏着某种宝藏，她开始关心自己的外表，她好像一下子拥有了力量，身体变得结实和强壮起来，面部也开始容光焕发，那瘦弱的身体和干瘪的面部里似乎又开出了青春的花朵。

“两个月以后，我要离开那里了，此时我听到一个好消息：她要和厨师的侄子结婚了。她特地来感谢我，因为我那句无意的话改变了她的一生。”

显然，“洗碗的玛茜”正是因为得到了吉欧吉特·勃布朗的一个美誉而获得了改变，从一个卑微的服务生变成了容光焕发的女性。

如果你希望某人在某方面能加以改善或者做得更好的话，那么，你就要表现得好像他已经表现出了这一特征一样。

莎士比亚说：“假定一种美德，如果你没有。”最好是假定，并公开地说，对方已经拥有你希望他拥有的某种美德，给他一个好的名誉去实现，那么，他便会尽力去做，因为他不想看到你失望。

古语云：“给狗一个恶名，还不如把它吊死。”但反过来，如果给它一个好名的话，你再看结果如何？事实上，几乎任何一个人，无论是穷人、富人还是乞丐，都希望能保全别人赐予他的诚实的名誉。

星星监狱的监狱长刘易士说：“假如你必须要跟一个盗贼

周旋的话，只有一个方法能制他——像对待一个体面的正人君子那样去对待他。先假设他是一个做事规矩的人，他就会以此为豪。”

前面，我们已经提及了很多激励、批评或者解雇工人的方法。同样，给工人们一个超乎事实的美名，也能达到激励员工的目的。你可以借用这一方法将一个工作马虎的人变成一个好的工人。当然，你可以解雇他们，可以严辞地批评他们，但这样做，相信我，真的毫无效果，还会引发员工们的怨恨。

我的一名学员亨利·汉克是印第安纳州洛威一家公司的服务经理，在他的公司，有一位怠工的工人，他行动迟缓、工作效率低，且质量不高，但亨利·汉克深谙如何管理员工，所以他从不直接批评他，也没有解雇他，而是将他叫到了办公室，与之进行了一番谈话。他对这名员工说：“比尔，你是公司技术精准的老员工了。在这条生产线上，你的经验丰富，我也听到不少人赞誉你的技术。只是最近，我发现你好像需要更多的时间来工作了，质量上也比以前差了点，这可不像你的水准啊。所以，我想你知道，目前你的这种状态我不是很满意，如果你有什么难处的话，我们可以一起来解决这个问题。”

听到老板亨利·汉克这么说，比尔回答说自己并不知道自己工作上有了这么多的不足，并且，他诚心地保证，以后一定竭尽所能地发挥自己的状态，保证不会让亨利·汉克失望。

当然，和比尔保证的一样，他真的这么做了。其实，比尔本来是个效率很高的优秀技工，但如果没有亨利·汉克给他戴的那个高帽，他怎么会想起来努力做到如从前那般优秀呢？

我的一位朋友撒母尔·华克莱对我说："任何一个平常人，假如你能得到他的尊重，并且你能认可他的某种能力的话，他就很容易被你引导。"

我们再来看看的一位学员比尔·派克的经历：

他是佛罗里达州一家食品公司的市场专员。最近，他的公司研发出了一种新产品，他很感兴趣，但是让他苦恼的是，他被一家大型的食品市场经理临时通知取消了在场会上陈列食品的资格。他接到电话后十分生气，然后一整天都在琢磨怎么做，最后他决定还是试一试。

这天下午下班前，他来拜访这位经理，然后对他说："杰克，在这之前，您只是知道我要陈列新产品，但是您还没有真正了解我们最新系列的产品，要是您能给我点时间，我十分乐意陈述一些我之前漏掉的部分，我一直知道，您有听人说话的宽阔之心，而且与时俱进，会及时改变自己的思想。"

那么，在听完比尔·派克的话后，杰克还会拒绝听他陈述吗？为了迎合比尔·派克给自己的美名，他即使硬着头皮，也要听完啊！

我们再来看看雇主们是如何运用这一方法让雇工们改善劳

动成果的：

在苏格兰都柏林，有一位牙医叫马丁，一天早上，他的一位女病人前来看牙，临走时，她说自己所用的那个漱口杯的托盘不干净，他听后十分诧异，因为这些都是专门请人清理的，而且一周打扫两次。并且，她用的是纸杯，而不是其他材质的杯子。但无论如何，这种生了铁锈且没清理干净的托盘都让他的诊所看起来并不是那么专业。

稍后，马丁用自己的方法解决了这件事。他是怎么做的呢？

他给诊所的女清洁工人写了一封信，信的内容是：

亲爱的布丽吉特：

“好久没看到你了，我平时工作很忙，但确实应该抽出时间为你对我们诊所所做的清洁工作致谢。顺便说一声，你以前的工作时间是一周两次，一次两个小时，时间不长，不过你要是愿意，可以随时过来清洁半个小时，做些你认为可以做的事，比如清理漱口杯托盘等。当然，这些都不是免费的，我会额外付费。”

这封信简短有力，也起到了应有的效果，果然，第二天一大早，当他走进诊所时，就发现，所有的桌椅都被擦干净了，也摆放到了合适的位置，一切整洁有序，物品擦得锃亮锃亮的，再走进去一看，他看到了收纳盒里摆放了他从未见过的、干净整洁、光亮的漱口杯托盘。

这里，马丁医生只是给了清洁女工一个小小的美誉，就让她在自己的清洁工作中有非常好的表现。实际上，马丁医生花费了额外的费用吗？当然没有，因为女清洁工人每周两次、每次两小时足可以将这一切做好。

我们再看看这一规则在教育工作中的运用：

在某学校，开学的第一天，纽约布鲁克林的一位四年级老师露丝·霍普斯金就感到十分头疼，因为当她拿到所授课班级的学生的名单时，看到了全校师生都害怕的“魔头”——汤姆，他一直被大家认为是最坏的孩子，他旷课、打架、扰乱课堂、逗弄女生，还辱骂老师，而且还呈现出愈演愈烈的趋势。但是这个坏学生也很聪明，只要他愿意学的，学习速度都比别人快，且能十分熟练地掌握。

露丝·霍普斯金决定要正视这个坏学生的教育问题，所以，在一堂与大家初次见面的课上，露丝·霍普斯金说：“罗斯，你很会穿衣哦，衣服真好看，爱丽丝，听说你美术功底了得……”但她念到汤姆的名字时，她诚恳地看着坐着的汤姆说：“汤姆，我知道你天生具备领导潜能，今年，我们班能不能变成四年级最出色的班，就靠你了。”在随后的教学课程中，露丝·霍普斯金一直强调这点，她像赞美一个好学生一样赞美汤姆，当然，汤姆也没有让她失望，为了证明自己值得拥有老师给的这个美名，他努力改正自己，真的成为了一个品学兼优的好学生。

如果你要改变他人的态度、举止的话，就应该记住第七项准则：给人一个美名，并使之努力保全。

鼓励和宽容能让人感觉事情没那么难

如果你对你的爱人、家人、孩子或者其他的任何人说他们在做某件事上没有天赋，那你这无异于打消了他们做事的动力和积极性，但是如果你能运用完全不同的办法，宽容和鼓励他人，让他感觉做好某件事情似乎没有那么难。让他产生自信心，那么，他的才能才会被激发出来。为了不让你失望，他会努力练习的。

我的一位朋友叫罗威尔·托马斯，他是一位深谙人际关系学的艺术家，他就十分善于运用这种方法。他会给你信任，给你勇气和激励，进而让你愿意改进和努力。

比如，有一天，我与他们夫妇在一起过周末。周六的晚上，他们邀请我和他们一起玩桥牌，但说实话，我根本不会啊，这东西对于我来说，简直就是个谜，所以我连忙对他们说："我真的不会！"

这时，罗威尔对我说："戴尔，其实很简单的，玩桥牌只需要我们的记忆和判断，但这不是你的拿手好戏吗？我记得你之前还写了篇记忆的文章，这不是刚好吗？"

我当时还愣了愣神，但已经被他们拉到了棋牌桌上，就是因为罗威尔给了我正面的心理暗示，让我认为自己在这一方面有潜力，所以接下来的桥牌也十分容易了。

提到桥牌，我想到了艾力·古柏森，他以桥牌事业为生，写了很多关于这方面的书，已经被翻译成十几种文字出版了，销售量更是破百万。但是他在桥牌事业上获得的成就，你也许想不到，完全得益于一位女士对他的鼓励。

他告诉我，在1922年的时候，他正在求职，他想成为一名哲学和社会学老师，但是无奈的是，他没找到这样的工作，此时，他不得不和其他工人一样去卖煤，但即使如此，他还是失败了。后来，他又卖过咖啡，但也失败了。

他自己做梦也没想到，有一天，他会以桥牌为事业，因为他自己都知道，他不但不精通玩桥牌，甚至可以说玩得很糟，而且他的性格很固执，每副牌都要提出问题，甚至打完以后还要做各种总结等，所以大家都懒得与他一起玩。

后来，他恋爱了，他的对象是一位桥牌老师，叫约瑟芬·狄伦。他们后来结婚了。约瑟芬·狄伦发现，他每次在打桥牌的时候都十分谨慎，并且善于分析自己和对手的牌，所以，她说他是桥牌桌上难得一见的天才，而也是因为这点赏识，他才有了后来在桥牌桌上的成就。

接下来，是在我身边的一个故事：

就在前段时间，我的一个40岁的老朋友告诉我他订婚了，而他的未婚妻劝他学舞蹈。

后来我们见面时，我问到他关于这方面的事，他说："天哪，我怎么知道要学什么舞蹈，我的那些舞蹈基础早就过时了，都是20多年前那些老套的步伐，所以，我后来请了老师，第一位老师是个耿直的人，她说的都是实话，但却真的打击了我的自信心，她说我所有的动作都是错误的，我要将一切都忘记，重新来过。但是我真的没有动力继续下去，所以我最后选择了辞退她。

"后来又来了一位老师，其实我知道她说的是假话，但是我却愿意跟着她学。她很平静地告诉我，虽然我跳舞时的一些动作已经赶不上潮流了，但好在基本功还很扎实，最重要的是，她让我相信一点——我不用花费很多时间就能学习几种新的舞步。第一位教师把重点放到了我的错误上，而这位教师则不断地称赞我做的事，减少我的错误，让我找到了自信心。后来，她还告诉我：'你是一位天生的舞者。'从前我认为即便是努力练习，我也只能是一个三流的舞者，但是现在我内心里喜欢第二位教师的说法——也有可能她说的是真话。我也知道，她是为了获得我的学费才那么说的，但是我又何必介意呢？

“不管怎样，如果她没有告诉我，我在舞蹈上有天赋的话，我想我肯定很难有什么进步。她鼓励了我，让我看到了我能学好的希望，并使我不断进步。”

在俄亥俄州辛辛那提，我们有位任课老师叫作克劳伦斯·琼斯，他深谙这一方法，而且，也正是运用这一方法，他彻底改变了他儿子的一生。

“1955年，我的儿子出生，1970年的时候，15岁的他才来到辛辛那提跟我同住。他是个命途多舛的孩子，在他三岁那年，在一次车祸中，他的脑部受到撞击，动手术后留下了疤痕。5岁那年，我与他的母亲离婚，他们去了得克萨斯州的达拉斯居住。他一直在那边学习，但是在那边，他一直是被看成“特殊生”对待的，也被安排到了特别班里，因为他是个看起来学习起来很困难、效率很差的孩子。因为脑部伤疤，学校方面也一直认为他的智力存在问题，无法像正常的孩子那样学习。他的智商比同龄的孩子发育迟缓了两年，直到他15岁的时候，他依然还不会背乘法表，也不会算数，只学到了七年级。

大多数人认为，这个孩子废了，但是我发现，他有个特殊的地方，他很喜欢捣鼓电视机、收音机这些东西，并且在将来想做一个电视机技工。在知道这些后，我经常鼓励他，告诉他只要他好好学习数学，多动手，就能实现愿望。我先在数学这门课上鼓励他，我买来很多彩色卡片，有加法、减法、乘法、除法，我教他将正确的答案放到空白栏里，如果他做错了，我会提醒他，直到他做对为止。这样看起来十分简单的学习过程，常常需要花费我们很久的时间，所以一开始，这一学习任务我们每天晚上都做。

后来，我用手表计时，我答应他，如果他能在八分钟内做对这些题，那么，以后就不用每天晚上都练习了。对于我的儿子大卫来说，这是一个难度很大且几乎不可能做到的事，但是他最后做到了。第一次，他花了52分钟，然后是48分钟，再是45、41分钟，最后慢慢少于40分钟了。这些进步让我很欣喜，我经常打电话告诉他的妈妈，她也高兴极了。

慢慢地，那个月月底的时候，大卫真的做到了在八分钟内放完全部卡片。当他自己有进步时，他都主动要求再做一次。并且，他发现，原来学习也是如此有趣。

这一学期，他的数学成绩进步了很多，大家都觉得不可思议，他的乘法学得很好，代数也奇迹般地进步了。大卫自己也不可思议，当考试成绩出来后，他将成绩单拿给我看。数学成绩非常好，他以前可从没有获得过这样的成绩。除了数学外，他在其他方面进步也不小，比如阅读能力和画图能力。

这个学期末时，鉴于他在各方面的进步，老师还叫他参加了一个比赛，这种比赛考验学生的绘图和制造模型的能力和技巧，最主要的是，还涉及了更高难度的应用数学。然而，他获得了全校第一名的成绩，然后被学校推荐去参加全市的比赛，最终获得了三等奖的好成绩。

我深深地庆幸自己当初发现了这种方法并运用到了自己的儿子大卫身上，这使他发生了彻底的改变。要知道，他曾经被怀疑有智力问题，且被同学们取笑为“原始人”。事实上，他真的也已经留级两年了。然而，我不断地鼓励他，让他产生了学习兴趣，并把学习搞好了。

有了好的开端，大卫的人生之路顺畅多了，从八年级的第二学期开始，一直到高中，他都是学习上的佼佼者。高中时，他还有幸成为全国荣誉协会的一员。的确，一旦在被鼓励中发现学习是件有趣且容易的事，他的人生就彻底改变了。

所以，如果你想让他人改变且获得进步，你需要掌握第八项规则：

鼓励和宽容能让人感觉事情没那么难。

让别人乐意做你希望的事

如果你希望别人按照你的想法去做，你就必须让他明白，他对你来说是多么重要，这样他就会真的觉得这件事对他很重要。

1915年，正是第一次世界大战进行得如火如荼的时候。第一次世界大战波及欧洲各国，规模庞大。当时的美国总统伍德罗·威尔逊想要派遣一位私人代表作为和平特使与那些欧洲军队领导进行谈判。

当时的美国国务卿威廉·布莱恩是主张和平的，他很希望自己能抓住这个机会，因为只要他能成功，就能从此名垂青史。但事与愿违，威尔逊总统把这一重任交给了另外一个人——他的挚友克罗尔·爱德华·豪斯上校。能被委以重任，豪斯上校当然十分高兴，但同时，他还面临着一个难题，这件事布莱恩早晚要知道，还不如自己亲自告诉他，但是该如何开口呢？

后来，豪斯上校在他的日记中提及这事："当我把要去欧洲做和平特使这件事告诉布莱恩的时候，和我所想的一样，他很失落。他告诉我说，他其实很早就打算自己去做这件事。我是这样回答的，我告诉他，总统认为派遣官方的人去并不合适，尤其是他，这样会引起国际上的注意，大家会心生猜测，为什么要派遣国务卿到那里去……"

很明显，豪斯上校这样说，是在暗示布莱恩，他对于美国政府，乃至整个国际，都是十分重要的。派这样的重要人物去欧洲的话，势必会引起人们的猜疑。布莱恩接受了这样的暗示吗？当然，他太满意了，以至于一开始的失落情绪也烟消云散了。

可见，豪斯上校是个多么谙于世故的人，我们可以从他处理这一问题的技巧中明白一点，人际关系中有个重要的准则：永远使对方乐于做你所提议的事。

无独有偶，伍德罗·威尔逊在邀请威廉·吉布·麦卡杜参加他的内阁时，也运用了这一方法。其实被邀请参加内阁本身就是赋予人的最高荣誉了，但伍德·威尔逊却运用了另外一种方式来邀请，用麦卡杜自己的话说就是："伍德·威尔逊找到我，跟我说他要组织一个内阁，如果我能担任财政部长的话，他将会十分开心。他跟我说这些的时候，让我产生了一种感觉，我在这件事上十分重要，如果我能答应的话，就是帮了他一个大忙。"

但是令人可惜的是，威尔逊总统并没有一以贯之地使用这一方法，否则，无论是他的政治生涯还是美国历史，都会改写。

比如，伍德罗·威尔逊在准备成立国际联盟时，并没有让国会共和党高兴。当共和党提出要参加和平会议时，威尔逊却拒绝了，不仅如此，他还从自己的党内带了些能力平平且声望一般的人。在与共和党的争论中，他说，成立国际联盟并不是共和党的主意，而是他的，所以，共和党无权插手过问。他如此蛮横的举动，对他的政治人生造成了毁灭性的影响。不仅如此，他的健康还受到了重创。

当然，这一方法可以运用到生活的各个方面，而不只是政治中。我还认识一个人，他很善于拒绝朋友，虽然他经常需要拒绝来自朋友还有其他人的演说邀请，但每个被他拒绝的人不仅不生气，还很满意。那么，他是怎么做到的呢？

他并不是找一些理由，比如很忙、没时间，他是在表达歉意后再给对方推荐一位替代者。这样，别人就没有时间再去感受被拒绝的不快了，而是立即把注意力放到被推荐的可以帮助到他的人身上。

在我们的培训班上，有个叫亨利·舒密特的人分享过一件事。他的一位店员经常在食品店忘了把价格摆放到各种食品前面，这一工作失误对顾客造成了不便，引来了投诉和抱怨。亨利·舒密特先生和他谈了好几次都没用。最后，亨利·舒密特想到了一个办法，他将这名店员单独叫到办公室，然后语重心长地告诉他，自己打算让他掌管全店的标价牌工作。就是这样一个好的策略，让这名店员的态度发生了很大的改变。从那时候起，店内所有的标价牌都被合理地摆放在了该有的位置上。

这也许听起来有些不可思议，但人类的潜能和动力就是这样被人激发的。拿破仑正是因为了解这一点，才制定了一共一万五千个荣誉勋章，然后又把数个将军升为“法国元帅”，将他的军队命名为“无敌陆军”。有人抨击他的行为是在用“玩具”摆布那些抛头颅、洒热血的老兵，而拿破仑的回答则是：“我们全人类又何尝不是被玩具驱使的呢？”

其实，我们在日常生活中也可以运用这一方法。

比如，我的一个朋友恩尼斯特·捷安特就善于运用这一方法。他家的院子里有一片草坪。有天，一群男孩从草地上跑过，损坏了他的草坪，他很生气，他尝试用诱导、哄骗乃至斥责的方法阻止这些男孩，但根本没用。后来，他想到了一个很好的办法，那就是给其中看起来最调皮的孩子一个名号，让他做“长官”，由他负责驱逐那些踩坏草地的人。这招很灵，过去令捷安特烦恼的问题马上得到了解决。

我们在准备改变他人的想法或者希望他们按照我们所想的去做时，一定要记住以下几点：

（1）为人真诚，不要开空头支票，答应了就要做到。

（2）不要过分关注自己的利益，多从对方的角度考虑问题。

（3）明确地了解你希望对方做什么。

（4）换位思考，问问自己，对方想要什么。

（5）如果对方按照你的想法去做，他会获得怎样的利益。

（6）将利益点与对方的需求综合起来考虑。

（7）当你向他人提出某个行动请求，要让对方感到他会因此获益。

比如，如果你希望你的下属打扫好仓库，你可以这样说：“乔治，明天这里要有客人过来，我希望你能将仓库打扫干净，将货物都摆放整齐。”但可能你不知道的是，还有一种更好的表达方式，你可以这样说：“乔治，现在我们有件事必须要做，现在做好了，待会儿就不用做了，明天会有客户来参观我们的库房，但是你也看到了，那里乱糟糟的，货物摆放也有点乱。如果这些都能摆放好，明天一定能给客户一个好印象，你也为公司的良好形象做了重要的贡献。”这样说，显然比第一种更好，因为他看到这样做会给自己带来的益处和荣誉。

那么，乔治会按照他的建议去做吗？应该会的。听到第一种说法，他不一定会快乐，但是听到第二种说法，他不会不快乐。无论如何他都要打扫库房，如果能看到自己这样做的好处——现在做，等会儿就不用做了，而且想到自己的工作能给公司带来荣誉，他就更有动力了。

当然，你千万别以为自己这样做就会让他人获得快乐，这太异想天开了。只不过我们可以说，这样做比什么都不做更能改变人的态度而已。

人类有获得权威的天性，所以，你可以借助这一点来说服他人。你要记住的是第九项准则：使对方乐于做你所建议的事。

第三章

让家庭生活快乐的秘诀

婚姻中丈夫和妻子都要反省的一些问题

现代社会，不少人的婚姻出现了问题。若你的婚姻出现问题，你的第一反应是什么？是大吵大闹、离婚还是安静下来问问自己："为什么会出现这些问题呢？"

1933年，艾曼特·克鲁西的一篇文章——《婚姻为什么会出现问题》在美国的杂志上刊出。下面这些问题就是我从文章中摘录并且总结出来的。如果对于每个问题的答案都是肯定的，那么，你每题就可以得十分。

问丈夫的问题：

（1）你是否还和婚前一样对你的太太是追求的状态？你有没有偶尔给她买花、记住那些有纪念意义的日子并给她送礼物？你没有温柔地对待她？

（2）你是否照顾她的面子，从不在外人面前批评她？

（3）除了日常生活中的必需开支外，你是否还给她另外的钱，让她购买自己喜欢的东西？

（4）你是否愿意花时间和精力去了解女性情绪方面的问题？当她情绪不好时，你是否愿意安抚她？

（5）闲暇时间，你是否愿意抽出至少一半的时间和你的太太待在一起？

（6）除了她的厨艺表现得比较好的时候，你是否避免了将她的厨艺与其他任何女性比较？

（7）对于她生活中的一些爱好，比如参加的社团，看的书籍、电影等，你是否也有兴趣？

（8）如果她被其他男士约去跳舞，你是不是会支持，并且不吃醋？

（9）你是否经常赞美你的妻子？并表现出对她的欣赏呢？

（10）对于她在日常生活中为你做的那些琐碎的小事，如洗衣服、烫衣服或者打领结，你是否表示了感谢呢？

问妻子的问题：

（1）你是否愿意给他足够的自由时间去处理工作，并且不去批评他所交往的人，如他选了什么样的秘书，自由时间都在干什么等？

（2）你是否愿意花心思和精力在打理家庭上，让家庭看起来更有品位？

（3）你是否愿意更换家里的菜品，进而让你的丈夫回家都不知道接下来要吃什么？

（4）对于你丈夫追求的事业，你是否支持且和他做出有益的讨论？

（5）当家里经济困难的时候，你是否能心平气和地面对，也不指责你的丈夫？是否能维护他的自尊？

（6）对于他的母亲或者丈夫家里的其他亲戚，你是否愿意努力和他们搞好关系？

（7）你在选择衣服时，是否考虑到他的喜好？

（8）如果意见不合，为了避免争论，你是否愿意退让？

（9）你是否愿意了解你丈夫的喜好、娱乐项目，并且愿意和他一起享受休闲娱乐时光呢？

（10）你是否关注流行事物，是否阅读最近的信息，以便能和丈夫交谈时有共同话题？

唠叨会造成婚姻的悲剧

在所有一切烈火中，能将爱情毁灭殆尽的，也是最致命的就是喋喋不休。它简直如同毒蛇的毒液，不断侵蚀着人们的生命。

拿破仑三世是拿破仑的侄子，他曾爱上了世界上最美的女人特巴女伯爵马妮亚·欧仁妮。他们十分相爱，也最终结成连理。

对于这一婚事，拿破仑三世的顾问们的看法是：她只不过是一位无足轻重的西班牙伯爵的女儿，但拿破仑三世却不以为然："那又如何，她是世界上最优雅、妩媚、年轻的女人，我已经爱上她了，我对她十分了解。”的确，拿破仑三世已经深深迷上了欧仁妮，这使他无论如何都要娶她为妻。

拿破仑三世和他的新婚妻子拥有世界上最有可能带来快乐的外在条件——健康、财富、权力、名誉、美貌等。另外，他们还有对爱情的信仰。然而，他们的爱情还未擦出火花便熄灭了，甚至化为灰烬。拿破仑三世很爱他的妻子，他可以使她成为万人之上的皇后，他能倾尽所有让她快乐，或者献出他爱情的全部力量，甚至连他的权力地位都能放弃。但是他无奈的是：他无法让她停止喋喋不休。

欧仁妮整个人都被嫉妒和多疑包围，她不允许拿破仑有自己的任何隐私，或不顾她的命令。很多时候，当拿破仑正忙于国家大事的时候，她莽撞地闯进他的办公室。她甚至不让拿破仑独处，也不让拿破仑与其他任何妇人交往。她没事的时候就去自己的姐姐家抱怨丈夫，她总是喋喋不休、哭泣、抱怨，甚至是恫吓。她会闯入拿破仑三世的书房，向他发脾气和谩骂。拿破仑即便身为全法国的皇帝，拥有着至高无上的地位，拥有着富丽堂皇的宫殿，但却无法找到一个容身之处，哪怕只是一个衣橱。

那么，欧仁妮为此而付出的代价是什么？后人的书籍中有记载：“后来，拿破仑三世学会了夜间从侧门偷偷地溜出去，他戴一软帽，遮住眼睛，然后由他的亲信随从着，令人不敢想象的是，他居然真的去了那位一直等待他的美女那里，也许他认为这样能让他呼吸一些新鲜空气，能让他感觉到自己是自由的，能看到些他从未看到过的东西。”

而所有的一切，都是欧仁妮的喋喋不休带来的。原本，她是全法国容颜最美的女人，然而，在她的喋喋不休下，即便是美貌和尊贵，也无法保住她的爱情。她也曾感叹，为什么这种事会发生到她的身上，可是又怪得了谁呢？她始终喋喋不休的这一毛病让她的爱情无法驻足。其实这一切都是她自找的，多么可怜又可悲的妇人！

对于美国人人敬仰的总统林肯，他一生最大的悲剧并不是遇刺，而同样是他不幸的婚姻。

林肯中弹时，他已经不省人事了，但是在这之前的四分之一个世纪，他都在被不幸的婚姻折磨着。正如他的律师事务所的合伙人何恩登所讲，那是“不幸的婚姻”，这当然是一种委婉的说辞。确切来说，是他的夫人在他的耳边一直抱怨、喋喋不休，让他没有片刻的宁静。

充斥在她生活中的就是抱怨，她不满意关于她丈夫的一切，好像林肯做的所有的一切都是错的，她认为林肯总是佝偻着背，走路样子滑稽丑陋，抱怨他姿态不够优雅，甚至还模仿他走路，并取笑他，然后还要求林肯按照她示范的样子去做；她认为他的耳朵太大，耷拉在头上，看起来丑极了，还有鼻子不挺，嘴唇突出，手脚大而脑袋小，看起来就像个病入膏肓的人。

他们在各个方面的差异都太大了，简直像两个世界的人，无论是性格、脾气、教育、爱好以及想法等，正因为这些矛盾的地方，他们经常吵架。

当时有位参议员说："林肯夫人声音尖锐，我在对面的那条街都能听到她的咆哮声，周围的邻居也议论纷纷，而且，她发脾气的时候不只是嘴上说，还会有一些暴乱行为……"

再比如，他们刚结婚的时候，是租的杰克比·欧丽夫人的房子，杰克比·欧丽夫人的丈夫去世了，后来她就将房子租出去一部分，并为他们提供伙食。

有天早上，当时林肯夫妇和其他房客们在一起吃饭，因为一件小事，林肯夫人突然暴怒，竟然抄起手头的一杯咖啡就朝林肯砸了过去，看着惊诧的其他人，林肯尴尬极了。

此时，杰克比·欧丽夫人从外面进来，她赶紧拿了毛巾和干净的衣服给林肯，此时，她看到了林肯的表情，他只是羞愧地坐在那里，一言不发。

林肯夫人的行为真的太愚蠢、令人无法相信。这件事即使放到现在，只要有人提及她那些举动，我们都会感到惊讶。

不过，她这种暴躁的行为，是否真的改变了林肯呢？当然，即便林肯在很多场合下容忍了她，但是林肯还是在慢慢发生变化，尤其是对她的态度以及对他们的婚姻，以至于林肯后来尽量避免和她在一起。

当时，林肯所在的律师事务所有十个人，大家都在努力赚钱，因此，当大法官大卫·戴维斯到各地开庭时，其他律师也都随行，从这个郡到那个郡，这样才能让他们在第八大区所属各郡郡政府以及下属机构接到一些业务。

一到周末，其他律师都会回家与孩子和家人们团聚，然而，唯独林肯，他宁愿待在狭小的旅馆内，也不回家，他不想面对他的夫人。有家不能回，这种痛苦大概林肯深深感受到了，因为他真的不想回家被他的夫人唠叨，不想受她暴躁脾气的折磨。

托尔斯泰伯爵夫人在离开这个世界以前，把女儿们叫到床边，然后向她们承认："我必须要跟你们说，你们父亲的死，是因为我的缘故。"女儿们都失声痛哭，她们知道母亲说的是实话，她们父亲的死，就是因为母亲不断地抱怨和喋喋不休的批评造成的。

其实，托尔斯泰伯爵及其夫人原本有着优渥的条件，可以享受他们幸福的婚姻。托尔斯泰曾写过巨著《安娜·卡列尼娜》和《战争与和平》，这足以使他永垂文学史册。托尔斯泰伯爵是个很有名望的人，他有大批的追随者，他们甚至终日跟在其身后，把他所说的每句话都记下来，就连"我想要”“我要睡了”这样的话也不放过。除了荣誉外，他还有财产，还有孩子，大概没有谁的婚姻比他们更美满的了。刚开始，他们很幸福。他们也曾一起祈祷，希望上帝让他们一直享受这样的幸福。

后来，随着写作的深入，他自身也发生了很大的变化，尤其是他的观念。托尔斯泰逐渐觉得曾经他所撰写的那些巨著令他感到羞耻。然后，他专心著作那些小册子，以此来宣传和平、消灭战争和贫穷。他还坦言自己在年轻的时候犯过不少让人无法饶恕的错误。他说自己是个罪人，为了减轻自己的罪恶感，他竟然将自己所有的财产和土地分给了那些穷苦的人，而自己却过着贫苦的生活。他自己种田、砍柴，自己做鞋，自己打扫，用木碗吃饭，并且尽力地爱着他的仇敌。

有人说，托尔斯泰的一生就是个悲剧，悲剧的原因是他和他妻子的生活观念背道而驰：他喜欢简朴，他的妻子则喜欢奢华的生活、名誉和人们的赞誉，但这在托尔斯泰看来毫无意义。她喜爱金钱，但他却视金钱如粪土。他们在一起的很多年里，她一直责怪、抱怨甚至是叫骂，因为托尔斯泰坚持不收取任何书籍出版费，而她则要那些书产生金钱。一旦他说不，她就又吵又闹，还会在地上打滚，更不可思议的是，为了威胁丈夫，她还曾拿一瓶鸦片放在嘴边，声称自己要自杀。

在他们的一生中，曾发生过一幕情景，让外人都为之动容。在他们刚结婚的那些日子里，他们非常快乐；但随后的48年里，托尔斯泰渐渐无法忍受妻子的行为，他甚至不想见到她。有时候，这位已经逐渐年老体衰的妻子，跪在他面前，希望他能再为她读那些昔日在日记里写下的有关她有多艳美的爱情之语。当读到那些已经从他们生命里消逝的时光有多美妙时，他们都哭了。而如今，一切都已改变。

到最后，已经82岁的托尔斯泰实在不能忍受他的妻子了。于是，就在1910年10月的一个雪夜，他从家里逃了出来——他实在不想看见他的妻子，他在街上毫无目的地游荡着，终于在11天后，他因为肺病发作而死在了一个车站。在临死前，他的请求就是希望这个女人永远不要到他的面前。这也许就是托尔斯泰夫人因喋喋不休而付出的惨痛代价。

也许你会说，如果她确实有很多不满让她可以喋喋不休呢？也许我们确实能承认这一点，但为什么又不反过来想想——唠叨能给她带来什么好处呢？托尔斯泰夫人后来也对自己评价说："我想我那时候真是神经病。"

可见，无论是欧仁妮皇后、托尔斯泰伯爵夫人还是林肯夫人，无论她们的容貌有多美，她们的地位有多显赫，唠叨都让她们尝到了婚姻失败的苦果。她们酿成了自身人生的苦果，也毁掉了人生最珍贵的东西。

有位律师叫贝思·汉伯格，他在纽约家事法庭任职了11年。他曾查阅过大量的离婚案件，找到了很多家庭中男人选择离开的一个重要原因——女人的唠叨。就像波士顿邮报所说的："很多做妻子的，她们不断地用嘴一点一点地挖掘，最终她们将自己送进了婚姻的坟墓。"

所以，如果你希望自己能保持婚姻和家庭的完整，必须要记住第一项原则——切勿喋喋不休！

不要试图让伴侣按照你的意思改变

与人交往，要学习的第一件事就是不要干涉他们自己获得快乐的特殊方法，如果那些方法与我们不相冲突的话。

英国伟大的政治家狄斯瑞利是个无论是在政治生涯，还是在家庭生活中都十分成功的人。他于1868—1874年担任英国首相。他的一生十分传奇，而且被拍成多部电影，其中就有英国人熟悉的《良相佐国》。

狄斯瑞利曾经说过这样一句关于婚姻的话："我必须要承认，在我的一生中，犯过很多的错误，但我永远在打算为爱情而结婚。"的确，他单身了35年，后来，他向一位比他大十五岁的寡妇求婚，是因为爱情吗？当然不是，这一点我们不难想到，这位寡妇有很多的钱，他看上的就是她的钱，他们之间不存在爱情。而她也不笨，她明白他并不爱她，只是为了她的金钱，但她也没有拒绝他，而只是提出了一个要求：请他再给彼此一年的时间，让她来了解他这个人、他的性格等。

很快，一年期限到了，他们竟然真的结婚了。

这听起来是不是有点滑稽可笑，但却是狄斯瑞利婚姻真实的经历。狄斯瑞利的婚姻与其他人的婚姻模式不同，甚至玷污了人类关于婚姻的美好愿望。然而，他的婚姻却也是充满污点和悲剧的婚姻宫殿中最成功的案例之一。

他所选择的寡妇是个既不年轻、也不漂亮，更不聪明的女人，她常在说话时闹出笑话，因为她会弄错文字和历史知识的运用。比如，她好像永远弄不清楚希腊人和罗马人谁更早出现。她在服饰上的品位奇怪，对室内装饰的品位也相当奇怪，但至少在某个方面，她是个无人企及的天才——和男人相处的艺术上。

她并没有在狄斯瑞利面前表现自己所谓的“聪明才智”，更没有与之对抗。当狄斯瑞利与那些尖酸刻薄的公爵夫人们斗智斗勇、满心疲惫地回到家时，玛丽安的轻松闲谈让他的疲倦一扫而空，他觉得一旦回到家就能感受到安宁和温暖。这些年，他与自己的年长妻子在一起生活过的时间，是他一生中最快乐的时间。她就像他的灵魂伴侣、他的顾问和亲信。每天晚上，当他回来后，他都迫不及待地将白天自己遇到的新鲜事告诉妻子，当然，最重要的是，他能从妻子那里获得自信——无论何时，玛丽安都相信自己的丈夫一定会成功。

30年以来，玛丽安总是为狄斯瑞利而生活。她不吝啬自己的财产，因为那会使得狄斯瑞利的生活更安逸些。他经常说玛丽安是他的女英雄，在玛丽安死后，狄斯瑞利才成为伯爵，而在他还是一个平民时，他就多次劝说维多利亚女王擢升玛丽安为贵族。所以，1868年，玛丽安被封为毕根菲尔特女爵。

在他们相处的几十年里，在公共场合下，无论玛丽安表现得多么没有思想，或者闹出什么样的笑话，狄斯瑞利都不会指责和嘲笑她，相反，假如有人敢欺负或者嘲笑她，他会马上站出来保护她。玛丽安并不是一个完美的女人，但那几十年里，她总是不厌其烦地在公共场合赞美自己的丈夫，结果呢？狄斯瑞利的感受是：“我们结婚30年，我从未对她感觉到厌倦。”

玛丽安会习惯性地告诉她的朋友：“谢谢他的恩爱，这30年我们一直很快乐。”在这一对恩爱的夫妻间，曾经有一段有趣的对话：

狄斯瑞利：“无论怎样，你知道的，我是为了你的钱财跟你结婚的。”

玛丽安笑着回答说：“是啊，不过如果你再选择一次的话，你就会因为爱情而喜欢我了，不是吗？”

“当然……”狄斯瑞利说。

虽然玛丽安不是个十全十美的女人，但狄斯瑞利也很聪明，也总是任由玛丽安按照自己的想法去做自己喜欢的事，正如詹姆斯告诉我们的那样：“与人交往，要学习的第一件事就是不要干涉他们自己获得快乐的特殊方法，如果那些方法与我们不相冲突的话。”

李兰·法斯特·伍德在其写的书《在家庭中共同成长》中说：“要想找个好爱人，要想找个好对象，首先自己就要是个好对象。”

所以，如果你希望家庭生活快乐的话，请记住第二项原则：不要试图让伴侣按照你的意思改变。

永远不要批评你的爱人

有超过一半以上的婚姻失败的原因是因为那些毫无作用却

消磨热情与爱情的批评。

在公共场合，英国政治家狄斯瑞利最激烈的对手是格莱斯顿，似乎他们每次见面，都要争辩一番，但奇怪的是，他们却在私人生活上都无比幸福。

格莱斯顿和他的妻子在一起生活了59年，但他们一直彼此相爱。这位英国最尊贵的首相，经常会牵着妻子的手，在火炉前的地毯上一起翩翩起舞，一起唱他们喜欢听的歌。

在外交和政治上，格莱斯顿是一位手腕强硬的人，但对待家人，他却十分宽容。每天早上，当他已经到楼下用餐却发现家人还在睡懒觉时，他就用一种温柔的方式表示责备，还故意提高嗓门来唱歌，提醒家人，现在英国最忙碌的人已经在楼下等候他们一个早上了。他对他的家人十分关心，而且，他还善于将那些机智的外交手段运用到家庭管理中，竭力避免在家庭生活中批评谁。

俄国女皇叶卡捷琳娜二世也是这样一个在家里很温柔的人。在政治上，不少人评论她是一个暴君，她对数百万的国民操有生杀大权，她常发动那些毫无意义的战争，在她的政治生涯中，充满了杀戮，但是你可能会感到奇怪的是，如果她家的厨师将肉烤焦了，那么，她什么也不会说，只会微笑着吃下去。

桃乐丝·狄克斯被称为是研究婚姻问题的专家，她一直致力于研究很多家庭婚姻失败的原因。后来，她得出一个结论，在所有的婚姻中，有百分之五十以上是失败的，而且她还总结出一点，多数婚姻出现危机的一个重要原因就是批评——并无作用的、让人心碎的批评。

所以，如果你希望拥有幸福的婚姻生活的话，请记住第三项规则——永远不要批评你的爱人。

真诚地赞赏你的爱人

洛杉矶家庭关系研究主任保罗·波比诺说："大部分男人在寻找和选择自己的配偶时，并不会像寻找那些精明能干的高级职员一样，而是寻找一个能对自己产生诱惑力、能奉承他们的虚荣心，并且能使他们感到优越的人。"

如果一个公司的女领导被某男性邀请一起共进午餐，而她总是谈及曾在大学时代学过的一星半点的哲学知识，甚至吃完饭还坚付账，那么，大抵以后她还是会自己一个人吃饭。

保罗·波比诺还说："相反，即便是刚来的、一个从未上过大学的女打字员，在应邀吃午餐的时候，她能用温柔的眼神注意她的男伴，并用仰慕的态度说：'请再为我讲讲那些有关你的事吧。’那么，最后的结果可能是，他也许会向他人这样评价这位女打字员：‘她虽然不是十分美丽，但她却是我遇到的最会说话的女人了。’”

与女性应该对男性表达崇拜和爱慕一样，男性对于女性追求美观的心态以及她们为此而做的努力应表示赞赏。可能很少有男人注意到，他们身边的女性是如何注重自己的衣着的。比如，一对男女在街上遇到另外的一对男女，这女子很少看那男子，而是会留意甚至时不时地回头看看另外那个女子的穿着。

下面，我来说一个我自己身边的故事：

几年前，我的祖母去世了，那个时候她98岁，就在她去世之前不久，我们这些她的孩子们围在她的身边，将一张她自己在30年前拍摄的相片拿给她看，她几乎已经看不清东西了，但是却盯着照片，然后问："那个时候我穿的什么衣服？"这也是她唯一的问题。

我们可以想象一下，一位98岁的老太太，在她即将离开这个世界前，已经卧床不起、记忆力已经衰退得连自己的亲人都不认识了，但还是会关心自己在30年前穿的是什么衣服！那个时候，我就在她的床边，这件事给我留下了难以忘记的印象。

对于很多男人来讲，如果你问他在五年前穿的什么衣服、什么衬衫、什么外套，也许他们根本就不会记得，但女人则不同。在法国的上流社会，男子们都要接受一种训练——赞美女人的衣帽，而且一晚不止一次。在这个问题上，五千万的法国人是不会错的。

在我的简报中有一则小故事，虽然看起来并不属实，但至少让我们明白了一种真理，所以此处我觉得有必要叙述一遍：

有一位农村妇女，当她劳累了一天后，将一捆草丢到还没吃晚饭的丈夫面前，她的丈夫质问她是不是疯了，她回答："啊，你终于注意到自己吃的是什么东西了啊，我为你做了二十多年的饭，在那么久的日子里，我还从未听过一次你说你吃的不是草呢！"

称赞和感谢厨师们的手艺，这在莫斯科与圣彼得堡的上流社会中一直是很好的习俗，这也是一种礼仪，当他们在享用完丰盛的佳肴时，一定会将厨师叫到跟前，并对他们恭维一番。

同样，作为男性，你的妻子日复一日地为你做饭，你为什么不能表达感激呢？她那么辛苦，为什么你不能体恤一下呢？

下次当她做了一道很嫩的鸡时，你应该告诉她，让她知道你很欣赏她的厨艺，就好像前面小故事中的那位女主人公所说的那样，你要让妻子知道“你不是只在吃草”，或者好好地称赞一下这位“小妇人”因为她们都喜欢被人赞美。

当你正要这样向你的爱人表达时，不要害怕让她知道这一点——她在你的快乐中占据着多大的成分。正如我们前面说的，英国政治家狄斯瑞利就从不羞于让别人都知道他很感激那位“小妇人”。

有一天，我在阅读一本杂志时，发现了一段欧诺格艾迪·康塔在访问中曾说过的话：“我沾光于我夫人多过从世界上任何人那里获得的益处。在我孩提时代，我们是最好的朋友，她一直鼓励我勇往直前。我们结婚后，她为我节省每一块钱，然后进行再投资，我的整个家当都是她存储起来的。我们有五个可爱的孩子，她一直在为这个大家庭付出，如果说我是个有所成就的人，那么，所有的功劳都来自她。”

对于那些好莱坞明星来说，结婚似乎永远是一件冒险的事，即便是纽约最好的保险公司也不敢为他们投保。但华纳·百斯特的婚姻却能让大家产生信心。百斯特太太在结婚前的名字叫魏妮菲·布瑞苏，在她的舞台事业如日中天的时候，她选择了结婚，但这并没有让她失去快乐，她也不为此后悔，在一次采访中，华纳·百斯特先生说：“虽然她失去了来自舞台给予她的掌声，但我会努力使她感觉到来自我的赞美和鼓掌，假如一名女子要从她的丈夫那里得到快乐，那么，她就需要欣赏与真诚。如果那欣赏与真诚是真实的，那么，她的快乐也就得到了答案。”

所以我想你应该明白了，如果你想得到家庭生活的快乐，就要记住第四条规则：给予对方真诚的赞赏。

不要忽略生活中的细节

婚姻其实就是一连串的琐事。不肯承认或者忽视这些小事的存在，就容易引发婚姻中的问题。在那些婚姻破裂的家庭中，并不是所有夫妻都是因为大事而发生分歧，相反，大多数都是因为一些小事情。

忽视婚姻中的细节，是很多男人的通病。男人总是忽视在日常的小事上体贴自己的妻子，而他们不知道的是，两个人之间的爱，正是从这些小事上的疏忽中慢慢消失的。

以送花为例，爱情中，情到浓时，男性都会给女性送花，这是表达爱意的一种方式，因为花是爱情的语言。也许你以为送花很贵，但其实，在鲜花盛开的季节，我们到处都可以看到在街角卖花的人。要知道，你送的花又不是长在那些高山的悬崖峭壁上。

那么，为什么要等到你的爱人躺在医院的病床上了才想起来送她几朵花？为什么不明晚下班的时候就顺便买几朵玫瑰花回家？不信你试试看，或许情况完全不同。

乔治·柯汗在百老汇工作，他每天的工作堆积如山，但是他每天还是坚持打两个电话回家给他的母亲，一直坚持，直到他母亲去世。

那么，他和母亲说的是大事吗？是新奇有趣的故事吗？其实不然，只是一些小事。生活毕竟是平淡的。对别人小小的关注只是给对方传递一种信息：你正在思念她，你希望她获得快乐、幸福，她的感受对你来说极为重要。

在女人们眼里，生日、纪念日都十分重要，可能男人们会感到奇怪：这是为什么呢？这大概是女性的秘密。男人都是糊涂的动物，但你能糊涂一生，几个重要的日期却不能不记得：妻子的生日、结婚的年份和结婚纪念日的日期，前面两项如果你记不起来，也不要忘记最后一个。

约瑟夫·沙巴斯是芝加哥的一位法官，他接触过4万宗婚姻案件，其中，经过他的调解，有2000对夫妇重修旧好。他说："那些琐碎的事情才是婚姻产生问题的根源，假如丈夫推门出去、准备去上班时，妻子能挥手跟他说再见，那么，就不会有这么多离婚案件的发生。"

英国诗人罗伯特·勃朗宁与其夫人伊丽莎白·巴雷特·勃

朗宁之间的故事大概是最可歌可颂的了。即使再忙，他也不会忘记赞美他的夫人以及保持对她的注意，以此来保持爱情的活力。

他用心关心着他残疾的太太，时刻照顾妻子。因此，他的妻子在对妹妹的信件中这样写道："现在我自己都开始想，我是否真的是一位天使了。"

不少男人都对这些细节性的、天天发生的小事忽视了，比如，在盖诺·麦道科的一篇文章中，有这样的内容："我想，对于不少美国夫妻来说，可能生活里缺少了一些新鲜有趣的东西，比如，可以在床上吃个早饭，也许你认为这是个不雅的行为，但不少女人都在床上放肆地吃早餐。"

总结起来看，婚姻其实就是一连串的琐事。不肯承认或者忽视这些小事的存在，就容易引发婚姻中的问题。艾德娜·圣·文生米蕾曾写过一首小诗，其中有两句很经典的诗句，可以为我们佐证这一观点：

并不是失去的爱破坏我们美好的时光；

但爱的失去，却都是在那些微不足道的地方。

在雷诺，法庭一星期有6天时间要处理离婚案件，平均每10分钟一桩。你认为那些婚姻是因为真正的悲剧而失败的吗？我敢保证不是！如果你能去法院旁听，你会发现，爱情就是毁于那些琐事。

现在，你可以拿出一把剪刀，把下面这段话剪下来，然后贴在你的帽子里或者镜子上，这样，每天你在洗脸时都能看见：

人生没有回头路，所以，你能做的任何对别人好或者仁慈的事，现在就做吧，不要等待，也别忽略了，因为时间真的不等人，我们没有回头路可走。

如果你希望你的家庭和睦幸福，你需要记住第五条规则：注重生活中的小事。

对待爱人，要以礼相待

生活中，我们对待陌生人总是客气有加、彬彬有礼，但对自己的爱人，却变得苛刻。

瓦特·邓路之是美国最伟大的演说家之一，他的妻子是曾当过一次总统候选人的詹姆斯·布雷恩的女儿，很多年以前，他们结识于安祖·卡耐基的家里。从那时起，他们便相爱了，他们一直过着其他夫妻羡慕的神仙眷侣般的生活，那么，他们有什么经营婚姻的秘诀呢？

瓦特·邓路之夫人说：“我认为婚姻中以礼相待是最重要的，年轻的妻子们对待自己的丈夫应该如刚开始见面时一样从礼出发，不然，无论是哪个男人，都希望远离那些泼妇。”

泼辣和不讲理无疑是侵蚀爱情的毒药。大概我们每个人都知道这一点，但真正能避免这一点的人却不多。我们似乎已经习惯了对陌生人客气，而对自己的家人苛刻。我们绝不会想到要阻止陌生人说：“哎呀，你不会又开始说那个老生常谈的故事了吧？”事实上，如果我们手边是朋友的信件，不经过朋友允许，我是不会私拆也不会窥探他们的秘密的。只有对于我们最亲近的亲人，我们才敢因他们所犯下的小错而肆无忌惮地说伤害他们的话。

桃乐丝·狄克斯曾说过这样的话：“也许你根本想不到，真正对我们进行过语言攻击和精神伤害最多的，其实并不是陌生人，而是我们最亲近的家人。”

婚姻中，礼貌真的太重要了。在奥利弗·文德尔·霍姆斯所写的《早餐的独裁者》一书中谈到，也许大部分家庭里的人和他的做法不同，但他不是，他很顾虑家人的感受，即便是在外面受了什么委屈，他也不会让家人知道，因为他不想因此影响到家人。

这是奥利弗·文德尔·霍姆斯的做法。然而，我们一般人的做法呢？想必大部分人是如果在办公室的工作出了差错，或者一单生意没谈成，再或者被老板骂了，甚至是小到没赶上回家的末班车或者上班迟到，那他们都很有可能在还没到家的时候，就已经开始酝酿着暴躁、灰色的情绪了。

荷兰人有个生活习惯，当他们进家门之前，会将鞋脱下，然后放到门外面，这一点，我们也要向荷兰人学习，在我们每天下班回家前，要把工作中的烦闷抛在门外，不要发泄给亲人。因为家里本就应该是个温馨甜美的港湾。

威廉·詹姆斯曾写过一篇文章——《人类的某种盲目》，这本书很值得我们一读。如果你没有买到，你可以到图书馆借阅。在他的书中，有这样一句经典的话："人类对于动物以及他人情感的盲目，是造成我们痛苦的一大根源。"

"人人都有某种盲目"，一些男人在工作中对上级、同事，对自己的客户都温柔有加，但回家却对太太咆哮，这实在让我们不能理解。然而，其实他们没有认识到的是，从重要性角度来看，婚姻比工作对他们快乐与否的影响力更大。

可以说，那些家庭生活和婚姻生活中的普通人，比那些性格孤僻、婚姻不幸的天才快乐多了。俄国著名小说家屠格涅夫是闻名于世界的文学天才，但他曾经却说过这样一句话："如果我的家里有个女人正在等我回家吃饭，那么，我宁愿放弃我所有的天才以及那些作品。"

那么，婚姻幸福的概率是多少？前面，我们已经提过，桃乐丝·狄克斯相信大概有一半以上的婚姻都是失败的，但保罗·波皮诺博士的观点则不同：

在婚姻中，任何一个男人能成功的机会都比经营其他事业多得多。所有做其他事业的男人，大概有百分之七十会失败，但经营婚姻，却有百分之七十会成功。

桃乐丝·狄克斯说："和婚姻相比，出生不过是一生的一幕，死亡不过是一件琐碎的意外……

"女人可能永远也无法明白，为什么男人们不能用与经营其他事业同样的努力去经营他的婚姻和家庭……

"虽然很多男人也明白，有一个好的太太和一个平和的家庭比赚一百万美元更有价值，但我们很难在一百个男人中找到有谁认真想过如何努力去让他的婚姻成功，他们多数会认为婚姻幸不幸福靠的是命运，一切都看命运之神的安排。当他们已经赚到足够的钱时，为何还不能温柔地对待他们的太太，这也是很多女人无法理解的。

"任何一个男人应该都明白，只要奉承下，他的妻子就会快乐地去做任何事，而不需要任何报酬。他知道只要给妻子一句简单的恭维，比如说她把家管理得多么好，她如何在他背后支持他的，那么，她就会节约每一分钱，将其运用到家庭开支中来，如果他告诉他的妻子，她在去年穿的衣服是怎样的俏皮可爱，她也就不会再买更流行又昂贵的巴黎进口货了。任何一个男人也明白，只要他给妻子一个深深的吻，让她的眼睛闭起来，她就不会再多说一句话。"

其实每个妻子也知道，她的丈夫对于她的需求了如指掌，因为她已经清清楚楚地向他表达过自己的需求，可是他似乎就是不愿意按照她的意思去做，反而把钱花到那些不该花费的地方，比如难吃的食物、奇怪的服装，或者购置汽车等，而不愿意放下架子去恭维一下她，按照她所需求的来对待她。

所以，如果你想你的家庭和婚姻幸福快乐的话，还需要记住第六项规则：对待爱人，要像对待陌生人一样有礼。

读一本关于婚姻生活中性知识的好书

任何一桩真正意义上快乐的婚姻，都不能带着投机的心态去经营，这就如同建造某个建筑物一样，必须要用心经营和构造。

我们必须客观地商讨，并对结婚持有一种超然的态度。当然，你最好去阅读一本认识合理、情趣良好的书籍，如此，你便能获得这方面的知识和能力。

社会卫生局秘书长凯瑟琳·戴维斯博士曾引导一千个已婚妇女谈在婚姻中的一些隐私问题，并且做了总结和分析。她得到了一个惊人的结论：一半的美国成年人都有个苦恼——性生活不大快乐。

除此之外，还有乔治·汉密尔顿博士的调查。

汉密尔顿用了四年时间，针对100名男子和100名女子的婚姻进行调查，并且问了很多关于他们婚姻生活的问题，然后做了广泛的讨论。这一调查得到了社会各界，包括慈善界的支持和资助，整个调查耗费四年时间，而调查结果，我们翻看一下乔治·汉密尔顿所著的《婚姻的问题是什么》就知道了。

也许你会问，婚姻的症结是什么呢?

在这本书中，汉密尔顿博士说："只有那些心存偏见和思维不严谨的精神病治疗家，才会认为在婚姻中出现的问题与人类与生俱来的需求——性生活的不和谐无关。不管怎样，我们都要承认，如果性的关系本身是满意的，那么，伴随出现的其他问题，其实很多时候也能很容易找到解决的办法。"

洛杉矶家庭关系社社长保罗·波皮诺是美国在家庭关系研究上最有权威的一名专家，他曾对数千例的婚姻进行过考察。他认为，在很多普通的家庭中，婚姻关系破裂，离不开以下四个原因：

（1）性生活的不和谐。

（2）休息日不知道如何安排。

（3）经济困难。

（4）心理的、生理的，或者情绪的反常。

这里，最为醒目的一点原因，毋庸置疑，就是性生活的不和谐，而更让人诧异的是，经济问题只居第三。

所有的婚姻专家，都一致认可，对夫妻双方来说，在婚姻中，必须协调好性问题。

比如，在几年前，在辛辛那提家庭关系法庭的哈夫曼法官曾说："那些离婚的夫妻中大致有百分之九十是因为性生活中的不和谐。"我想，他给予的意见是最权威的，因为他曾倾听过数千家庭的婚姻悲剧故事。

著名的心理学家约翰·瓦曾说："众所周知，性是夫妻生活中最重要的内容，而性生活的不和谐无疑也是造成男女关系破裂的重要原因。"

在我的课堂上，也有很多从事医疗工作的人，他们也谈过此类情况，也认为性的问题很重要，在今天，已经有很多此类教育书籍，但是不少夫妻却对人类的这一本能并无多少了解，正因为这样，许多婚姻失败了。这真是一件可悲的事啊！

奥利弗·波特菲是一位传教士，为无数青年举行过婚礼，但是在他担任牧师18年以后，他放弃了这一事业，而是去了纽约担任家庭辅导服务处主任，在谈及婚姻问题时，他说：

"根据我早年的工作经验，我发现，虽然不少男女是带着爱意来结婚的，但直到他们站到我面前的时候，我依然能看出来他们都是‘婚姻的文盲’。

“当婚姻中的男女把如何经营婚姻交给上帝时，我们的离婚率大概只有百分之十六，这是一个令人感到诧异的结果，但被囊括在这一数字之中的大部分夫妇其实并不是成为真正意义上的夫妇的，只是他们还生活在一起，并没有离婚而已。对于双方来说，这样的生活都是一种煎熬。”

“性，在婚姻生活中只是多种满意中的一种，但如果这种关系都不和谐的话，再没有其他的事会和谐了。”

在奥利弗·波特菲从事牧师工作的那些年，他在为新人们主持婚礼时，他一直坚持让那些前来寻求他证婚的年轻男女们在举办仪式前与自己讨论未来他们的生活，然而，在这些谈话中，奥利弗·波特菲经常发现：很多已经谈婚论嫁的年轻人，很多急于结婚的人，其实都是婚姻的文盲。

也许你会感到奇怪，这一问题该如何解决呢？

对于很多夫妻来说，性都是碍于情面，难以摆到台面上来说的话题。要改善状况，奥利弗·波特菲建议阅读有关婚姻的书籍。

他说：“这里，除了我自己写的《婚姻和性的和谐》之外，我还要推荐几本书，我想这些都是我们需要的，一本是伊莎贝尔·胡顿多写的《婚姻中的性技巧》，一本是马克斯·爱克斯纳所写的《婚姻中性的一面》”

所以，你若想保持家庭生活的快乐，请记住第九项规则：读一些关于婚姻生活中性生活的好书。

附录

如何推销你自己

生活中，我们经常看到推销员们推销产品。其实，任何推销，实际上都是推销我们自己。

推销自己并不是一件容易的事，这考验到人的才能。但是如果你学会了这一技能，那么，在此之后，你推销任何东西，都很容易。只是这一点并不是所有人都能学会的，更需要我们努力学习。假如你想知道如何推销自己，你可以先来阅读下下面的这些文字：

下面是史丹利这个人的经历，他是十分“圆滑”的。

即使你不认识他，但如果你结婚，他就会戴着墨镜来参加。读书时，他就被认为是最聪明的人，因为他写的“论文”成绩都是“甲”。得到好成绩能让他更受欢迎，而能否被人喜欢，他是最关心的。再比如说，如果你是民主党人士，那他也是；如果你是共产党，那他也是，如果你属于法西斯，那恐怕我们只有自求多福、希望上帝能保佑我们了。他是个很乐于送礼的人，他会给朋友电影票、酒甚至是其他任何东西。

看得出来，史丹利这个人十分圆滑，为了推销自己，他什么都可以做，但实际上，他用的这些方法却是错误的。

推销自己是一种才华和技能，学会了这一点，你还担心自己的吃穿问题吗？因为你一旦学会了这一技巧，你就能进入推销公司，将东西推销给别人，有的人很幸运地拥有这一才华，但是有的人却没有。

其实，推销存在于我们生活中的方方面面，无论我们的推销技能怎么样，只要我们与人接触，就存在推销。所以，我们可以给推销下一个定义：

我们想方设法让别人接受我们的购买或租赁建议，相信我们，并且把这些事情交给我们。

在我们的个人生活中，除了亲密关系外，也少不了推销，尤其是在社交中，推销更是随处存在，我们都希望被人接纳和喜欢，有的人还希望被人特别喜欢，大部分人都希望找到满意的工作，都希望别人主动找他们攀谈，希望肉铺老板因为喜欢他而卖给他更好的肉，其实这就是生活中一连串的推销。

也许你并不奢望通过股票来获得财富，但是谁不希望在工作中被上级赏识而获得加薪的机会呢？要做到这点，就需要你学会自我推销了，如果真的让老板为你加薪，那也值得了。这一技能是伴随终生的，只要你学会了，就不会忘记。也许自我推销没那么容易，甚至还会遭遇一些挫折，但是它能带来更多的成功，与之相比，那些挫折又算得了什么呢？

其实，无论你推销的是什么，你首先要做的就是尽可能地对那件物品了如指掌。比如，如果你要推销手套，那么，你最起码要知道手套是什么材质的，适用于哪些场合，每一种手套的利弊分别是什么。

如果你要推销自己，你也要了解自己，你要问自己：我是什么人、我推销自己需要提供什么、我的优点在哪里、我有哪些需要改进的不足、别人对我的印象如何、我进行自我推销的目的是什么。

我们必须诚实地回答自己这些问题，并且要给出最确切的答案，因为这是实现自我推销的基础。无论在哪个领域，是商业界，还是社交活动中都一样，我们每个人必须要找出这些问题的最确切的答案，比如自己的性格、个性和风格等。也许你周围的亲人和朋友不大好意思指出你的不足，比如你存在哪些不好的习惯或者穿衣风格不好的地方，那么，这就需要你在自我推销前，有个中肯的自我评价了。

心理医生潘妮洛普·罗西诺夫曾说：“你要推销你自己，第一步就是要培养自己的自信心，只有表达出你的自信，才能营造出‘你很棒’的气势和氛围，你要告诉自己，你能做好很多事，你更有权去做，这样你会很自在。一个没有拘束感的人，在坐着的时候，也会坐满整个椅子，而不是蜷缩在椅子边缘，也不会缩着脖子。”推销任何产品或者理念，终究还是以推销我们自己为前提的，如果你能在推销自己时，直视对方，对方必定会认为你是个值得信任的人。

在我们很小的时候，也许你的长辈们会教导你，要保持本色。这在你小的时候也许很管用，但是在竞争激烈的商业社会中，你还遵循这一点，可能就未必招人喜欢了。

曾任一家大型广告公司副总的派特·瓦格纳说：“你所谓的保持本色有时候可能会让人生厌，我们通常会向我们最好的朋友倾诉内心的心声，随心所欲地向他们表达任何看法，但是对陌生人，或者在公开场合，这就不适合了。”

一个人要想实现自我推销，首先要剖析清楚自己，其次是了解对方对你的看法。若是能把握好这两点，有时候是能改变情形的。

我们来说个例子：

1960年，美国实行总统大选，约翰·肯尼迪和理查德·尼克松进行了一场辩论。在此之前，很多政治家分析一定是尼克松获胜，他们认为肯尼迪太年轻了，虽然富有，但是他不出名，且波士顿口音太重。

然而，当他出现在电视屏幕上的时候，人们看到的是一个轻松自若、真诚、说话流利的人，且彰显着年轻和活泼的力量，我们再来看看尼克松：他确实老了，脸上写满了沧桑，且说话紧张、不自在，脸上挂着一副黑眼圈，好像他不是个光明正大的人。

据说，也就是因为这次辩论，人们改变了对这二人的看法，尤其是对年轻的肯尼迪，美国人开始喜欢他了。

你该好好注意你的外表了，你要推销自己，就不能用一副邋遢的样子对着他人。在柯尔达的书《权利》中写道："假如你眉清目秀、棱角分明，有一个五官非常醒目，那么，这就会对你有好处……约翰逊总统不就是有一对大耳朵吗？"

很多调查数据显示，那些体型高大的人，大多数能成为一些国际通信公司的总裁，当然，这并不是说，那些体型矮胖的人就该被送到荒无人烟的岛屿上去，比如，查尔斯·布朗森和果尔达·梅厄，他们都是事业上十分成功的人，但他们的体型也不纤瘦匀称。不过，无论如何，你还是要注意你的外表。如果你有好的外表，那这是你的优势，如果你没有，那么，你最好还是在后天上多努力些，比如去高级理发店剪一个好看的发型、减肥、将你的西装烫得笔挺，尽量将自己变成一个受人喜欢的人，这样，他们才会愿意和你说话、接受你的推销。

在推销时，有时候你需要直视对方，如果你推销的是某种高级产品，对方可能更愿意你强调这种产品给人带来的身份上的优越感，如果你自身还戴着名牌手表和高级定制皮鞋，那更能增加你的说服力了，因为他们喜欢的就是四周散发的钞票的味道。

当然，销售人员还应该根据具体场合调整自己的穿着和打扮，因为上面我们说的这种作风也可能会导致对方的反感，他们可能会认为，销售人员能打扮得如此高级，钱还不是从自己身上赚的，对于这样的顾客，销售人员最好穿得正统、保守点。

一名优秀的推销员不仅能在外表和说话上拿分，还会是一个好的倾听者，他们不仅倾听顾客的声音，更倾听自己的声音。那么，你知道你的声音听起来如何吗？

在与对方电话沟通或者面对面沟通的过程中，你的声音正是你内心想法的彰显，有时即便你只是随意说说或者与对方闲谈，你都要明白，如果声音频率太高，会加重对方的紧张和焦虑，而声音太低沉，则会让人产生内内心压抑的感觉。

如果你不了解你的声音，你可以借用收音机来帮忙，录下自己的声音。如果你确实不喜欢自己的声音，那你还需要加强练习，直到你拥有一种坚定、自信且明确的语调。要知道，不可能谁都拥有如新闻播报员那样的声音，但是最起码我们能将声音训练得听起来更舒服，尽量让自己避免语言上的失误。

华格纳说："你必须要弄清楚顾客的语言习惯，要让双方都能明确含义，才会真正起到作用。"我们除了要弄清楚自己的声音效果如何，还要注意自己的措辞。假如你很喜欢使用俚语，那么，你要注意，有些人并不懂得你所说的俚语的含义，甚至会觉得反感，即便你的观点他们认同。

我们要站在对方的角度，要了解对方真正想要的，然后再给出具体的措施。比如，你要问自己，这位顾客是不是需要购买高级轿车？他对车辆的油耗情况有没有什么要求？如果你找到了答案，你就要马上给出针对性的方法。当然，这些答案并不容易找到，也许你犯了好几次错，才能摸索出来。

所以，那些聪明的人懂得暂时忘却自己而全心全意地将注意力放到对方身上，这样能尽快获得对方的好印象。当然，也许对方也在极力想获得你的好感。

这一点，即使总统也认同。

埃尔文是一家大型营造商的老板，最近，他接到了一个大的单子，但是对方是一个海盗，埃尔文立即知道这笔生意不好做，他说："一般来说，我都会表现的谦恭有礼、温文尔雅，但是我在发现对方的身份后，我就知道我绝不能太谦逊，否则我只有走路的份儿了。”

人们总是喜欢和那些看起来和自己是同类且相处起来分外轻松的人做生意，所以，我们可以看到，很多生意都是在高尔夫场或者酒桌上完成的。学习如何与人打交道，即使不是在推销自己，也是十分有益的。瓦格纳说：“推销本就是学习如何与人相处，难道不是吗？如果你不学习这点，那么，等你老了的时候，你就知道有多糟了。”

推销中，我们更不能低估顾客的经济实力。要知道，不是所有有钱人都会将金笔和金表带在身上，很多时候，生意的失败，就是因为推销人员低估了客户的实力，所以他们开价太低。

推销的时候，很有必要多提自己的卖点。在找工作的时候也是如此，你要将自己的成功案例摆出来。无论是作家还是艺术家，这都是他们惯用的手段。对于我们来说，这种方法能很好地表现出来我们曾经是怎样处理一个棘手的问题或者是怎样运用创意创造了一种产品的，这种情况下，我们应该更多地出示照片，并给出简短的说明，要知道，视觉和感官上的印象比简单的文字更能打动人。

当然，在推销上，男女推销的特点并不同。对此，瓦格纳说："女性更愿意接受训练，并且愿意在穿着上下功夫，但男性则不大愿意听取别人意见，也不容易在领带的颜色、发型这些小细节上有所改变。"

不过，因为男女性身体构造的不同，在体质上，男性有他的优势，比如，无论是推销什么，男性更能一以贯之，坚持自己的想法、达成自己的目的。

一位在推销事业上有所成就的女士说："在我从事推销工作之前，我曾在一家修道学校学习了十二年，不过自从我工作的第一天开始，我好像就学会了总是向人鞠躬且说'对不起'，如果我生病了，我会说'对不起'，要是我的老板生病了，我还是说'对不起'，要是外面下雨了，我依然说'对不起'。"学习自我推销的第一步，就是发现自己的问题尤其是缺点，并努力改正它，但还有一点，就是你要学习不要再为那些你不该负责的事负责，在这一问题上，男性比女性更有判断力。

一家知名杂志的广告部门经理说："推销与我们平时和朋友闲聊可不同，在我们开始推销时，你的目的就是让对方买下你的产品，这就需要你自我推销，让对方认定你是个诚实且靠得住的人，而一旦你提到'推销'这一词语，想必你们之间的心理障碍就已经形成了，所以你必须有一种魔力，要让对方感受到，你的身上有他所需要的某种特殊的东西。”

要记住，你推销东西，也是推销你的信心。在一些推销行业，尤其是珠宝、貂皮、艺术品等，更需要推销人员表现出超强的自信心。古斯洛是一名拥有三十多年经验的珠宝商，他说：“无论对方付的是一块钱还是十万块钱，你都必须要让他明白，他要购买的产品，真的值这个价，所以，信誉真的太重要了，你必须要保证所卖的产品是货真价实的，以前是这样，现在更是如此，作为顾客，他们考虑的是价格是否合理，以前，购买珠宝是很浪漫的行为，但无论如何，你都要让对方确信，你所说的是真实的。”

因此，要做好这一点的要诀是：随时保持高度的机敏性、语言流畅且表达你的友善；时刻做好应对意外的准备。但是我们还必须要承认一个事实：有时候针对男性和女性顾客，我们要运用的推销方式是不同的。不过，也不必过于刻意，在性革命和女性运动之外，很多经验丰富的销售精英们依然认为针对性别不同，应该有不同的推销方式。

古斯洛说：“通常来说，对女性顾客，要婉转一些，所以我通常会先赞美她们一番，但绝对不是空穴来风的赞美，而是真实的。要知道，每天早上出门前，她们可都知道自己到底是什么样子。如果我胡说八道，肯定会触怒她们，而针对男性顾客，则简单多了，我通常都直截了当，对价格问题也是，其实他们自己与人做生意，也喜欢运用这样的方法。”

推销自己，最忌讳的就是战战兢兢，可能你会说，万一没被录用怎么办？没关系，还有其他的工作。当然，如果你已经失业很长时间，而你的太太马上就要生孩子了，或者你的孩子需要一大笔费用去矫正牙齿，那么，你看起来可能真的会不安，但只要可能，就要表现得有自信一些，哪怕是你刚从飞机上被人请下来，你也要有信心，这样，别人会认为你有资格从事这个工作，而且你会干得很好，他从你那里购买产品，能获得安全和保障。

此外，无论如何，别老是害怕自己做错事，不过，如果你真的做错了的话，一定要吸取教训。

我们可以将推销自己比喻成学习做一道菜，当你认为你按照食谱的方法，做的菜已经很出色时，你可能发现自己忘记放调料了，你要重新添油加醋。这才是成败的关键，不注意细节，也许这道菜也能吃，但绝对不是完美的一道菜。

还有，进行自我推销，切忌一成不变，现在的你不同于从前的你，以后的你也不同于现在的你，更何况对方呢？他对事物的态度、对你的态度乃至对同一件产品的态度，随着时间的改变，都在发生着变化。

记住，最重要的是你要对自己有信心，这是你最重要的后盾，不过你还需要保证你推销的真实性，最容易忽略的就是这点了。

我们可以说，推销需要才华，就如同绘画，你需要挖掘出自己的风格，否则，你就容易泯然众人。所谓的风格，是我们各种体验和经验的综合产物。

所以，如果你想学习自我推销，就要从现在开始，立即去做。